东方海错绘

海洋生物水彩手绘图鉴

李李 著

长江出版传媒　湖北美术出版社　绘经典 PAINTING CLASSICS

图书在版编目（CIP）数据

东方海错绘 ：海洋生物水彩手绘图鉴 / 李李著．— 武汉 ：湖北美术出版社，2023.6
ISBN 978-7-5712-1788-4

Ⅰ．①东… Ⅱ．①李… Ⅲ．①海洋生物—图集 Ⅳ．① Q178.53-64

中国国家版本馆 CIP 数据核字（2023）第 044241 号

策划编辑 － 张　岩
责任编辑 － 张　岩
书籍设计 － 张　岩
技术编辑 － 李国新
责任校对 － 杨晓丹

东方海错绘
DONGFANG HAICUO HUI

海洋生物水彩手绘图鉴
HAIYANG SHENGWU SHUICAI SHOUHUI TUJIAN

出版发行：长江出版传媒　湖北美术出版社

地　　址：武汉市洪山区雄楚大道 268 号湖北出版文化城 B 座

电　　话：（027）87672123（编辑部）87679525（发行部）

邮政编码：430070

印　　刷：武汉精一佳印刷有限公司

开　　本：787mm×1092mm　1/16

印　　张：9.5

版　　次：2023 年 6 月第 1 版

印　　次：2023 年 6 月第 1 次印刷

定　　价：119.00 元

序言

北京大约有着世界上最漫长的夜晚，我常常这样感觉，尤其在冬天，尤其是冬夜，让我想起卡尔维诺的《如果在冬夜，一个旅人》；我非常清楚有许多人与我同在这样的冬夜，而当难熬和沮丧袭来，我又常猜想那些人都会怎么度过。这便是这本书的创作缘由——那些夜晚。如我一样栖身在这座国际都市的智人同类，当日常工作落幕，社交散去，回到家面对自己时，会找到生活的某些可能。

于是也会想起远方的海。海离家很近，是一种温暖踏实的安慰，又是一种巨大神秘的吸引。爱情需要幻觉，生活需要幻想——于是画笔来摸我的手，海中万物在眼前展开。

当我频繁地搬离又搬进很多间房子，带着一堆画笔，我觉得自己像是一种熟悉的海洋生物——寄居蟹。你看它频繁更换背上的壳，像不像一个北漂青年，搬来搬去，又不离不弃。我想把它们画下来，在每一个孤独的夜晚，让这坚硬的外壳守护每颗柔软的心。同为生命，共同对抗命运。

在每一个动笔绘画的夜晚，我用笔尖在海洋里遨游，周遭安宁，星月无声。

作为染织设计专业出身的人，我画中的颜色都很纯净，这是为了保证复杂的图案印刷到布上时颜色依然清透。延续这种方式，我慢慢找到了一点属于自己的绘画风格。

在此期间，鉴定网络热门生物的张辰亮老师偶然鉴定了我发在微博上的作品。张老师是《中国国家地理》杂志青春版《博物》副主编，中国国家地理融媒体中心主任，科普作者。他给了我鼓励，同时推荐给我日本毛利梅园绘著的《梅园介谱》古籍。看到古籍中作者用心记录下来的海洋绘画笔记，我的内心深受感动。

受此启发，我继续溯源追索，决定在《梅园介谱》和我国清代聂璜先生的《海错图》两本古籍中找出我偏爱的生物种类，用我的绘画技法将其重绘成册。这种方式让我仿佛回到了过去与两位先生对话。

本书用 14 个海洋生物案例来讲解写实水彩绘画中的技法，以及怎样通过水彩技法表现不同生物表面材质的质感。每个案例都带有同物种的科普知识拓展。希望你在画这个生物的同时，也能真正地了解它，感受它。

我在求学与职业生涯中就曾遇到过很多人质疑临摹，他们认为临摹会扼杀学生的创造力。但其实创造是需要有扎实的基本功和娴熟的技巧作为基础的。我们临摹画作并非抄袭，而是通过临摹的方式思考、揣摩作者的作画过程，学习作者处理画面的能力，并从中找到适合自己的绘画技巧。

初学者在临摹作品时，不要局限于一种绘画风格，可以选择不同风格的大师作品，从中找到属于自己的风格。但每一个艺术家的风格都会随着自身成长而改变，因为每个年龄段对生活的感悟是不同的，思维上的变动也会影响画风，简言之，"绘画艺术是一面反映你内心的镜子"。给人带来幸福感的彩虹无法每天相见，亲手创造的幸福的色彩却能终日相伴。让我们用平静温暖的心，一起去大海里寻找宝藏吧！

李李

2023 年 1 月 16 日

目 录

CHAPTER 3
绘画案例 017

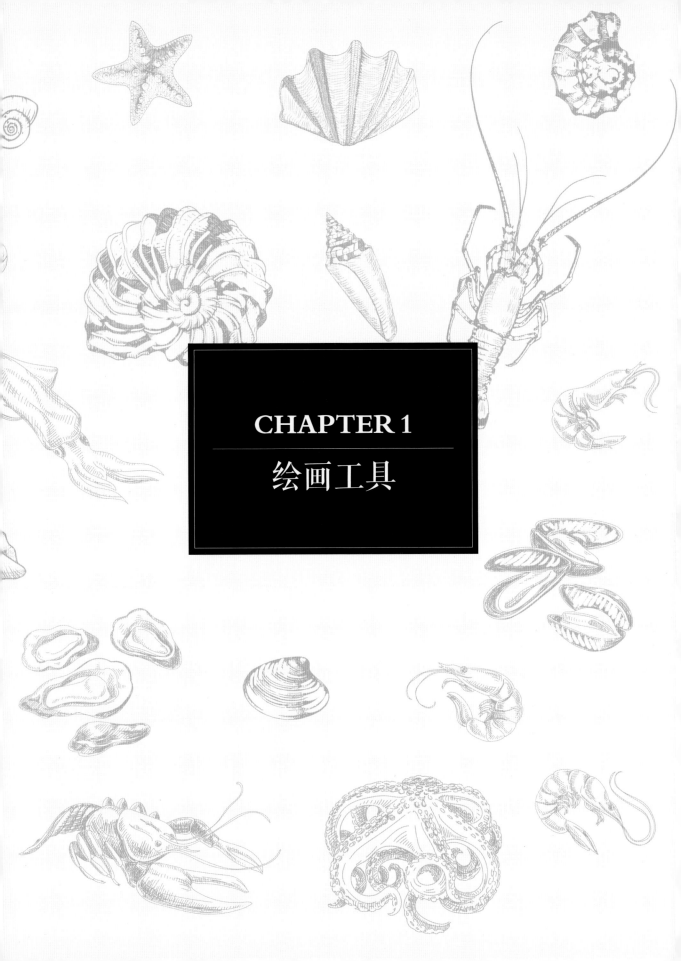

CHAPTER 1
绘画工具

水彩工具

水彩纸
水彩颜料
水彩笔
其他工具

刚接触透明水彩的同学们，总是被其干净、透明的色彩和与水结合后产生的丰富效果所吸引，但自己又不知从何开始。水彩非常依赖颜料的显色性、附着力和纸张的吸水性、韧性……我们如何选择性价比高的水彩颜料？又如何选择合适的水彩纸呢？经过多年来的反复实践，我总结了以下经验与大家分享。

阿诗水彩本

○ 水彩纸

水彩纸有木浆和棉浆两种。木浆纸特征：纸质较硬，吸水性弱，比较容易出水痕，显色性好，适合画小幅插画作品，价格低廉；棉浆纸特征：纸质柔软，能够保留色彩亮度和透明度，吸水性好，有韧性，能够经得起多次叠色、晕染及修改，适合表现丰富细腻的写实风格，价格略贵。

常见的木浆纸品牌有：荷兰梵高、法国康颂巴比松等。棉浆纸品牌有：法国阿诗、英国获多福、保定宝虹、法国康颂枫丹叶等。

水彩纸分为 3 种纹理：细纹、中粗纹、粗纹。细纹纸张表面比较光滑，适合表现细节丰富的画面。中粗纹纸张肌理大小适中，适合画叠色晕染丰富的大幅作品。粗纹纸张容易出现"飞白"，有气势磅礴的感觉，适合外出风景写生。

各种水彩纸的品牌会提供不同克重的纸，一般有 185g、200g、250g、300g。纸的克重越大，纸张就越厚，承载颜色的能力也越强。怎样选择纸的克重，是根据你想要画什么风格的作品决定的。如果我们画晕染层次少的，又不需要很多细节的作品，那么低克重的纸张就完全可以胜任。但如果你的作品需要多次叠色、晕染且层次比较丰富，那最好选用克重略大的纸张，因为克重大的纸张韧性也会相对增强。本书所有案例都是选用阿诗 300g 细纹纸完成。如果你也想做个细节控的话，一起尝试吧！

○ 水彩颜料

水彩颜料的分装主要有三种类型：管装、固体和液体。无论是临摹作品还是创作写生，我们在选择水彩颜料时都应该首选管装颜料，这也是大多数艺术家的选择。因为它能够快速调出理想的颜色。固体水彩颜料因其小巧且为块状，方便携带，适合外出写生。但它质地偏硬，调色时容易磨损笔毛，且耗费时间，对于初学者而言，在用湿画接色法作画时，如果用的是块状颜料，等调好想要的颜色时，恐怕底色早已变干，无法完成接色。液体水彩颜料的适用人群多是漫画家或者视觉设计师，因为液体水彩颜料颜色鲜亮，吸引读者目光，是很好的视觉设计材料。但因为它既不好调色又携带不便，所以很少有人用。

本书的所有案例都是用日本樱花牌管装 24 色水彩颜料，颜色饱和度高，不易产生水痕，适合手法细腻、层次丰富的写实技法。且价格便宜，适合初学者用。

樱花管装24色水彩颜料

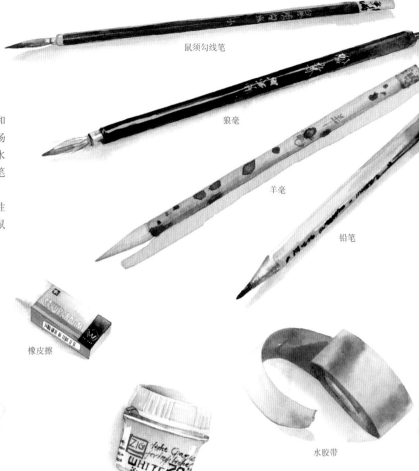

鼠须勾线笔

狼毫

羊毫

铅笔

○ 水彩笔

水彩笔的材质分为两种：动物毛和人造毛。专业的水彩笔多是动物毛制成的，比如貂毛和松鼠毛，笔毛柔软、弹性好且吸水量大。市场上还有一些人造毛水彩笔，价格低廉，但吸水性差，弹性也不好，不建议购买。传统的毛笔也可以拿来画水彩画，比如羊毫笔、狼毫笔，或者一些兼毫笔都可以，价格低廉，笔毛弹性和吸水性也不差。本书所有画作都是用小号鼠须勾线笔、小号狼毫笔和小号羊毫笔完成的。

橡皮擦

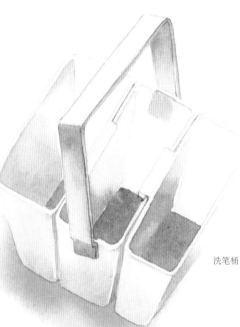

洗笔桶

白墨水

水胶带

美纹纸胶带

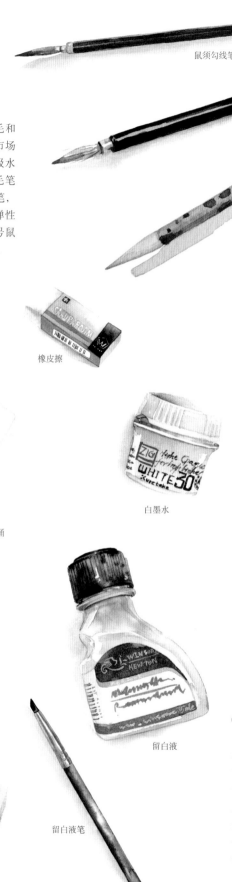

留白液

留白液笔

调色盘

○ 其他工具

在常用水彩纸、水彩笔、颜料的基础上，配备些其他小工具，如：铅笔、橡皮擦、调色盘、用来固定画纸的美纹纸胶带、质地良好的拷贝纸、用于勾线和画高光的白墨水（高光液），以及水彩媒介留白液等。再找一找家里的小杯小罐作为洗笔桶，较软又不掉毛的小毛巾来做吸水布。这样，就集齐一套经济实用的工具啦！

CHAPTER 2
基础技法

色彩知识

颜色的三个属性
立体感

清晰地认识色彩原理，能够让我们在画画的时候快速、准确地分析出用哪几种颜色可以调出我们想要的色彩。

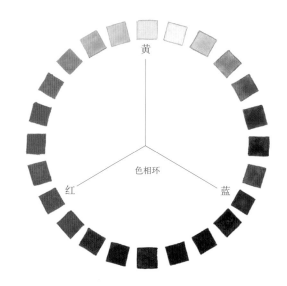

○ 颜色的三个属性

色相

色相是色彩的首要特征，是用于区别各种不同色彩的名称。如：黄色、橘色、蓝色等。

三原色

红、黄、蓝这三种无法用其他颜色调配出来的颜色是三原色。

冷暖

色相中有冷暖之分。有些颜色会让人感觉体温上升、情绪高涨，这种颜色被称为暖色，比如黄色、橘色、红色。也有一些颜色让人感觉体温下降、变得冷静，这种颜色被称为冷色，比如蓝色。还有一些颜色使人心情平静、舒适，这种颜色被称为中性色，比如绿色、玫红色。冷暖色是相对的。

邻近色

就是相距很近的颜色，在色相环中相距90度之内的颜色叫邻近色。色相环中离得越近的两色混合后饱和度越高，色相环中离得越远的两色混合后饱和度越低。

互补色

互补色是色相环中相距最远（180度）的一对颜色。互补色搭配用会产生强烈的视觉冲击力，若混色在一起会变成浑浊的颜色。（补色调色：红色＋绿色＝褐色，蓝色＋橙色＝深棕色 ）

对比色

色相环中夹角在120度至180度之间的两个颜色，如绿色和蓝色、红色和蓝色等。对比色会给人华丽的视觉效果，让人觉得欢乐活跃。

色卡

由于我购买的樱花颜料都是日本生产的，颜料包装上没有中文。为了让读者更清晰地知道我所用的颜色名称，我把每一个颜色用中文重命名。（小动物演示色卡）

NO.2
柠檬黄
Lemon Yellow

NO.3
黄
Yellow (MW only)

NO.4
深黄
Deep Yellow

NO.5
橘
Orange

NO.7
淡橘
Pale Orange

NO.12
棕
Brown

NO.15
土黄
Yellow Ochre

NO.17
深褐
Vandyke Brown

NO.18
朱红
Vermilion

NO.19
大红
Red

NO.24
紫
Purple

NO.25
天蓝
Cerulean Blue

NO.26
翠绿
Emerald Green

NO.27
黄绿
Yellow Green

NO.29
绿
Green (MW only)

NO.30
深绿
Deep Green

NO.31
中绿
Viridian

NO.36
蓝
Blue

NO.38
群青
Ultramarine

NO.43
普鲁士蓝
Prussian Blue

NO.44
灰
Grey

NO.49
黑
Black

NO.50
锌白
Chinese White

NO.122
紫红
Red Purple

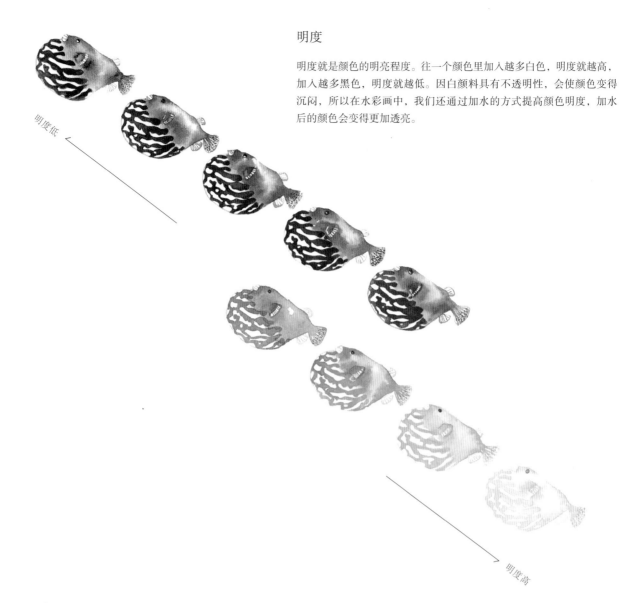

明度

明度就是颜色的明亮程度。往一个颜色里加入越多白色，明度就越高，加入越多黑色，明度就越低。因白颜料具有不透明性，会使颜色变得沉闷，所以在水彩画中，我们还通过加水的方式提高颜色明度，加水后的颜色会变得更加透亮。

明度低

明度高

饱和度

饱和度也可以简单地理解成纯度，比如颜料盒里未经混色的红、黄、蓝等颜色，加了水或者黑、白等其他颜色后，色彩饱和度明显降低了。

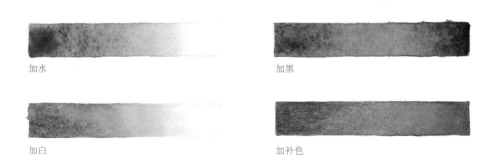

加水

加黑

加白

加补色

○ 立体感

在光源的照射下，物体产生出亮、灰、黑三种不同灰度的色彩组合，构成立体观感。最接近光源的部位是亮面，光照不到的地方就是暗面。物体受光照影响，亮面最亮的点叫高光。在水彩绘画中，高光通常都是留出底下白纸，这样的高光更透亮。物体亮面与暗面的交界处，就是物体暗部最重的地方，叫明暗交界线。受环境影响，物体暗面边缘相对较亮的地方叫反光，通常反光是周边环境的色彩映射。有光照在物体上就会有影子，光源的位移变化，会直接影响投影的变化。投影要画得有空间感，还要衬托出物体的固有色。关于这些知识，我会在绘画步骤中详细分析。

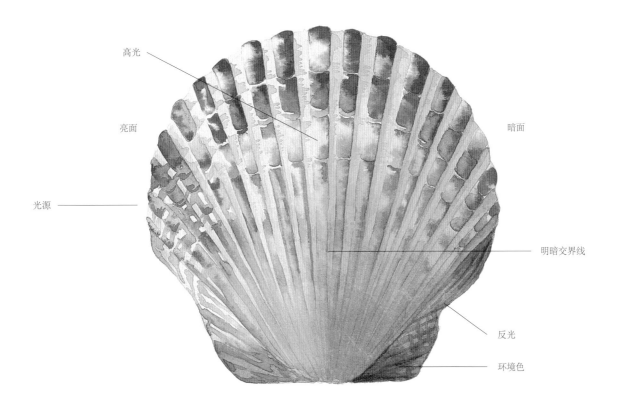

高光

亮面

暗面

光源

明暗交界线

反光

环境色

水彩技法

干画法
湿画法
其他技法

水彩技法的核心就是控制水分。水彩主要分为"干画法"和"湿画法"两大种类，首先了解以下技法的实际应用，同学们跟随本书案例作画时，会有步骤说明。

○ 干画法

干画法就是指在干燥的纸面上直接绘画的技法。这类技法多用于铺底色或者刻画细节。

平涂

饱蘸颜料的笔直接在干燥的纸面上均匀平涂，等干后，色块边缘会出现明显的水痕。

晕染

晕染法是平涂法的延伸。在平涂法的基础上，待平涂的色块未干时，拿一支饱蘸清水的笔轻拭色块边缘，让颜色自然与水融合在一起。这是水彩的独特魅力之一，这个技法常用在塑形阶段，用来调整颜色的深浅。

叠色

叠色法也是平涂法的延伸。在干燥的纸面上平涂一个色块，色块完全干后，再在色块上均匀用力平涂另一个颜色色块。因为水彩颜料具有透明性，下面的色块依然可见，只是相叠区域的颜色会变深。

接色

这个技法是平涂法与晕染法的结合。在干燥的纸面上均匀平涂第一个色块，趁湿在色块边缘继续平涂另一个颜色色块。让两个色块自然衔接，颜色自然扩散。

叠色法

绘制一笔颜色或一个局部并基本干透后，再
在同一处地方用另一笔色彩去塑造物体。这
种画法的特点是色彩鲜艳，笔触明显，有较
为强烈的对比关系。用叠色法处理海马身
体的背光面，会增添立体感。

平涂法

平涂法是用画笔将色彩一块一块地依次填到画面上，不重
叠、不渲染，界限清楚。运笔时，方向、笔触、纹理减到最少，
甚至没有。每一笔色块的色彩绝对均匀，达到一种冷峻、
单调、坚硬、对比的效果。黑天线虾虎鱼的红色斑纹相对
较简单，依次平涂即可。

干笔法

利用画纸凹凸的表面和干枯的笔刷形成的笔
触作画，适合表现光的反射或动物的毛发。
鼓虾身体外围的毛发可以在用干笔法之后，
再根据虚实效果加水调整。

不透明法

不透明法的特色是舍弃水彩颜料调水后的透明性，
也不考虑留白，用厚涂浓敷的方式将颜料一层层
涂上去。这种方式会让画面颜色纯度很高。蓝蟹
的头胸甲凹凸不平，厚厚的干颜料堆积可以很容
易实现其头胸甲的斑驳感。

干接色法

干接色法是在邻接的颜色干后再上色，这样色块之间不渗透。这种方法表现的物体轮廓清晰、色彩明快。海龟背上的深色条纹很适合用这种方式表现。

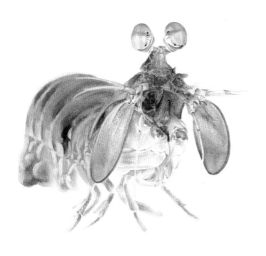

罩色法

当画面中几块颜色不够统一时，可蒙罩上一层淡淡的颜色使色调趋于统一，不会显得杂乱。某一色块过暖，罩一层冷色即可改变其色调。所罩之色应较鲜明且薄。虾蛄颜色丰富，色彩冷暖多变，绘制过程中可以用罩色法使色调趋于统一。

○ 湿画法

湿画法是一定要依赖于"水"的，是要在打湿的纸面上上色，或者是在未干的颜色上继续上色。

单色	接色	叠色

先用清水打湿纸面，让纸充分吸收水分，再在湿润的纸面上上色，让颜料自然扩散。这样画完的色块边缘自然柔和，无明显水痕。

这个接色法是单色法的延伸。在湿润的纸面上，画完第一个色块后，在色块边缘继续画出第二个色块，让两者边缘自然衔接。

在湿润的纸面涂上第一个色块，紧接着在这个色块内部涂上第二个色块。这种技法利用水彩特有的透明性质，可以看成是一种在纸面上调色的方法。这种方法会让画面颜色丰富且过渡自然，在实际绘画时被使用得较多。

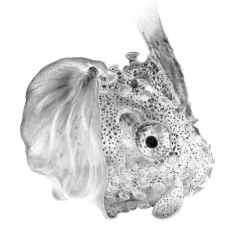

湿画法示例

渲染法

在湿润的纸面上形成渲染效果的画法。跟叠色法不同的是，渲染法所呈现的是不肯定的效果，表现出朦胧、柔和、边界不明。涂上一层颜料，未干时继续重叠不同的色彩，底层颜料被溶解掉的同时，会形成自然的过渡效果。这种方式能很好地表现出船蛸的透明性。

淡彩法

一般用于画前打草稿，用于标记图像的形态、比例、动作、构图和上色层次。先用彩铅线描，再画上阴影，形成单色素描，最后再调上水彩。草海龙身体纹理繁多，可以先用彩铅起稿，处理好素描关系后再上色。

湿叠法

这也是水彩画的常见画法之一。即在第一笔色未干时，施第二笔色。因此会产生渗透和渲染的水彩效果，有朦胧和淋漓的感觉，很适合绘制扇贝壳肋的朦胧感。

渐变法

渐变法是一种重要的水彩画技法，其关键是水分的含量。先画一笔颜色，颜色未干时，用含水的笔刷色彩边缘，颜料会自然流动，形成渐变效果，美丽自然。鼓虾腹部可以采用渐变法。

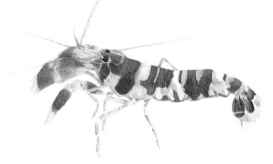

缝合法

绘制过程中，每一个渲染的局部之间，为避免两色渗透削弱了外形，因此会留一条缝隙；当颜色干后，再适当地处理白隙，因此称为缝合法。可用勾线的方式，也可用渐变法完成。雀尾螳螂虾颜色繁多，色块与色块之间的缝隙不好一次性完成，可以用缝合法解决。

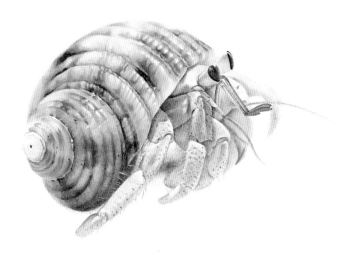

渗透法

先画一种颜色，趁湿画另一种颜色，两种颜色相互渗透。这种画法最能体现水彩画的独特效果，笔与笔，色与色在相互渗透中能产生预想不到的色彩变化和水迹变化。先用棕色画出灰白陆寄居蟹螺壳的纹理，紧接着画另一笔深褐色，棕色与深褐色相互渗透，形成自然的纹理。

干湿结合

干湿结合是根据整体画面来用，一般遵循远湿近干、暗湿明干的原则。用湿画法绘制乌贼身体的色彩区，干画法绘制色素点斑。

○ 其他技法

虽然我们画的是水彩画，但我们不一定限制自己只能用水彩技法，也可以把国画、油画或者其他你认为合适的技法加入你的作品中，使之呈现更加丰富的效果。本书中的案例还用到了其他绘画技法——仿沥粉法、勾线法和留白液法。

仿沥粉法

在干燥的纸面上，竖直握住小号勾线笔，笔尖饱蘸调和较浓的颜料，手腕发力轻转笔尖画圆，让浓厚的颜料堆积在纸面上，形成一个凸起的效果。重复几次可以增强立体感。

勾线法

在干燥的纸面上，竖直握住小号勾线笔，笔尖饱蘸颜料，手腕发力结合笔尖弹力拉线。主要用于前期的起稿阶段，用勾线的方式明确划分出受光面和背光面之后，上色就很方便了。

留白液法

选择专用的硅胶笔，用笔尖轻蘸留白液，竖直握笔，用笔尖轻画纸面，让液体覆盖于纸面上形成图案，完全干后再上色。待颜料干透，轻轻擦掉留白胶即可形成空白的图案。

其他技法 示例

仿沥粉法

颜料调得浓稠一些，笔杆直立，让浓厚的颜料堆积在纸面上，水分挥发后会留下较厚的干颜料，视觉上立体感强。用仿沥粉法绘制的远海梭子蟹头胸甲上凸出的点，犹如真实斑点一般，显得更为突出。

留白法

留白液和蜡的使用并非易事，往往事与愿违。如果已有一定绘画基础，在需要空白的地方，尽量留出底纸。留白法可以使高光达到最亮，从而形成强烈的反差，很好地表现了鲍鱼壳光滑的质感。

丙烯遮盖法

用白色丙烯颜料调和水彩来提亮物体的局部，提升画面层次。宝贝壳的表面有陶瓷反光的质感，白色的水彩颜料不具备遮盖力，可以调入适量的丙烯以达到高强度的反光效果。

洗涤法

为了营造模糊、朦胧感，用含少量水的干净笔擦拭部分已画好的颜色，也是一种减淡色彩的修改方法。水洗章鱼身体边缘，可以塑造朦胧感，使之圆润立体。

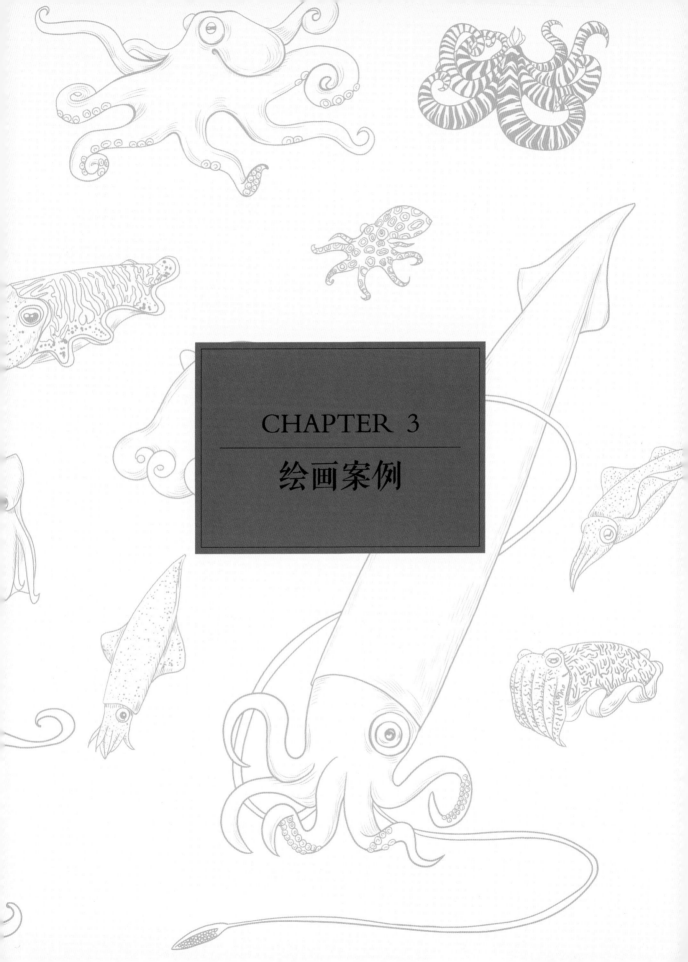

CHAPTER 3

绘画案例

雲南以貝代錢景差久遠至 本朝順治間始鑄錢草
貝然終難行滇人寔利用貝其所用者皆小貝也大者
古人珍之今人亦視為平常然而貝經所云徑尺
之貝近亦未之有也今本圖中皆載閩廣海濱皆
產花紋錯雜不同把之可玩有黃質而紫黑點者名曰豹
文貝有黃地而黑點者名曰尾斑貝有青貝有純黃貝
有大點貝小點貝金線貝水紋貝織紋貝松花貝雲紋
貝純紫貝黑灰貝水紋貝然其式皆上圓下平又有一種
上圓而下亦圓者黃黑斑駁點畫家利取以研物可以
轉活考篇海貝原有二種在水曰蚫在陸曰賧或即
圓平不同之狀有異名欤子所見貝不過四五種黃
凡周居運江所見甚多餘皆為黃凡周所圖述

貝贊
其名甚古其質景剛
烟波雲景景焕然成章

宝贝

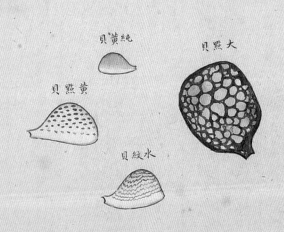

貝黃純　貝黑大
貝黑黃
貝紋水

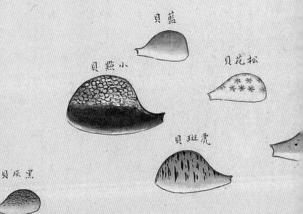

貝藍
貝黑小　貝花松
貝斑虎
貝灰黑

交州記曰大貝出曰南如酒杯小貝貝齒也潔白如
魚齒故曰貝齒古人用以飾軍容今稀用但穿之
為嬰兒戲畫家或使研物明時雲南以小貝為錢
貨說文云貝海虫也詩經註貝錦曰水中之介虫
紋如錦當云海水中介虫之殼始明相貝經曰朱仲
學仙於琴高而浮其法及嚴助為會稽太守仲
遺助以徑尺之貝并致此文於助曰三代之真瑞
靈奇之秘寶其有次此者貝盈尺狀如赤電黑
雲謂之紫貝素質紅黑謂之朱貝青地綠文謂
之綬貝黑文黃畫謂之霞貝紫愈疾明目綬
消氣療霞伏蚘虫埤雅云錦文如貝謂之貝錦其
中肉如蚪蚪而有首尾古者寶龜而貨貝至秦始廢
貝行錢愚按貝之為物其用甚古而其字凡資財
賦貽贈貿買貴賤貪貨貫償貰貸貯賒賤賞
賜睗賂贏賕賦質賠貼賈等字皆從貝可知嘗

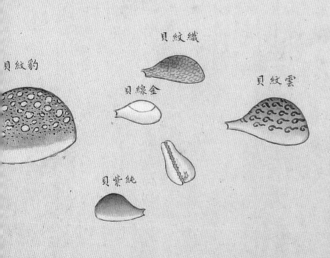

貝紋豹　貝紋織　貝線金　貝紫純　貝紋雲

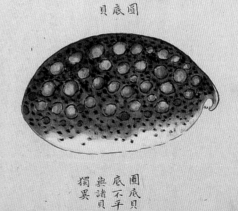

貝底圓

圓底貝
底不平
與諸貝
獨異

绘画步骤
PAINTING STEPS

步骤 1
起稿

1-1

在拷贝纸上起稿，起稿时注意宝贝的外形是上圆下平的，贝壳轮廓线要画得准确，它是中间方两边圆。不能完全画成一个圆形，会缺少力量感。而且壳上的斑点是大小不一的。

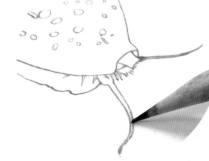

1-2

宝贝触须的线条也是方中带圆、下宽上窄，自然地向两边分开。

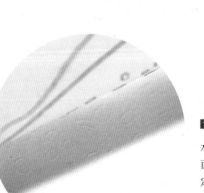

1-3

水彩纸不宜反复用橡皮擦拭。为了保持纸面干净、完整，将拷贝纸附在水彩纸上固定，再用针压笔沿着铅笔稿用力拓一遍，拿掉拷贝纸之后，水彩纸上面就留下了完整的宝贝稿印痕。

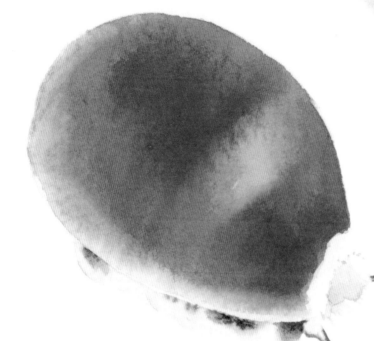

2-1
将壳看成一个右面来光的球体，画出壳的
亮面。用小号狼毫笔将壳用清水打湿后，
在水略干时先涂一层黄色，再在光源中
心点少量橘色。

2-3
用清水湿润宝贝足部，拿小号狼毫笔蘸深褐
色，画出足部的斑纹，让颜色自然扩散，不
要来回改动。用同样的方法画出足部边缘的
黄色、天蓝色等环境色。拿小号勾线笔将两
根触须用清水打湿，在紫色中调入少量普鲁
士蓝，在水快干时沿边缘上色。在刚刚调好
的颜色中加入少量的水后，继续用画触须的
方式画水管。等水管颜色干后，用小号勾线
笔蘸深黄色画出刚毛。

2-2
用小号狼毫笔在橘色中调入棕色，趁底色未干
时画暗面。上色时留出刚刚画好的亮面，加深
明暗交界线颜色，边缘反光处颜色要淡。

3-1

待底色干透后，画出壳上白色的斑点，离黄色光源中心越远的斑点颜色越淡，上色时笔上的颜料浓度就要越来越低。

3-2

白色斑点的位置都确定好后，在大红色中调入棕色，画壳部的中间色调。越靠近壳边缘，颜色越淡，颜料中的水分就要越多。

3-3

在上一步的颜色中加入少量深褐色，趁湿加深壳上的重色。然后，用清水湿润足部，拿小号勾线笔蘸深褐色加深足部斑纹暗部。继续用小号勾线笔把普鲁士蓝与紫色调和后，加深触须暗部颜色。同样的方法，用普鲁士蓝加深水管暗部，用深褐色加深刚毛暗部。

4-1

拿小号勾线笔，蘸取高光液点出壳的高光。再多蘸些白色颜料，用笔的侧锋从上往下撮出白色斑点和外套膜上凹凸不平的肌理感。高光液的明度比白色水彩颜料高很多，用这两种颜料画高光，会更加有层次感。

4-2

根据光源方向深入刻画宝贝的足部。用清水打湿阴影部分，再用小号狼毫笔将普鲁士蓝与大红色调和后，在清水快干时将颜色点在壳与足部的外面。用湿画法在足的内侧边缘晕染一些紫色，并与投影衔接起来，达到透明质感。足部左半部处在阴影里面，上色时笔上的浓度要低。

4-3

足部干透后，拿小号勾线笔在白色颜料中调入少量柠檬黄色，提出刚毛的亮部。

步骤 4
光影

5-1

用小号勾线笔蘸取群青平铺触须，趁湿用少量紫色将两边暗面加深。宝贝的触须是透明的，色彩衔接时要让其自然晕染。

5-2

水管部位用清水打湿后，在暗部叠上淡淡的群青色，让颜色由浅到深自然过渡。

5-3

用小号勾线笔蘸取略浓的白色颜料，按照从左往右的方向撮出壳表凹凸不平的肌理。离高光越近的地方，颜色的明度越高，可以通过逐渐减少白色颜料中的水分来达到这样的效果。

步骤5
调整细节

宝贝
Cowry

分类： 软体动物门腹足纲宝贝科
分布： 海洋中的热带和亚热带的浅水区，特别是珊瑚礁区
食物： 杂食性，经常摄食海绵和其他无脊椎动物以及藻类

壳多为梨形、球形或半球形。壳表面具高度的光泽，颜色多变化。壳口狭长，两边向内卷，具前、后水管沟；壳轴和外唇缘均有齿列。头部有较长而细的触角，眼位于触角外侧基部；外套膜翻出时，能包被整个贝壳，外套膜的外表面平或具各种突起和褶襞，有的个体能产生进攻性的酸性分泌液；外套腔内有一本鳃和嗅检器，鳃下腺大。吻粗壮，无颚片，齿舌为纽舌型，有 200 余列。雌雄异体，春夏产卵，雌体一直伏卧在卵群上，待孵化后才离去。

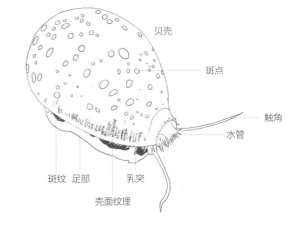

贝壳

斑点

触角

水管

斑纹　足部　　乳突

壳面纹理

宝贝的贝壳腹面有细齿。

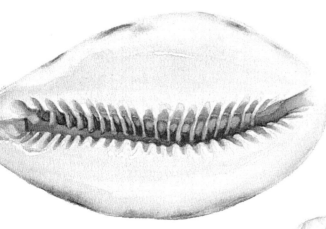

宝贝的贝壳表面有一层珐琅质。

环纹货贝古代曾作为货币使用。

怕强光，白天蛰伏在珊瑚洞穴或岩石下面，黎明或黄昏时外出觅食。

外套膜包起，行动缓慢。

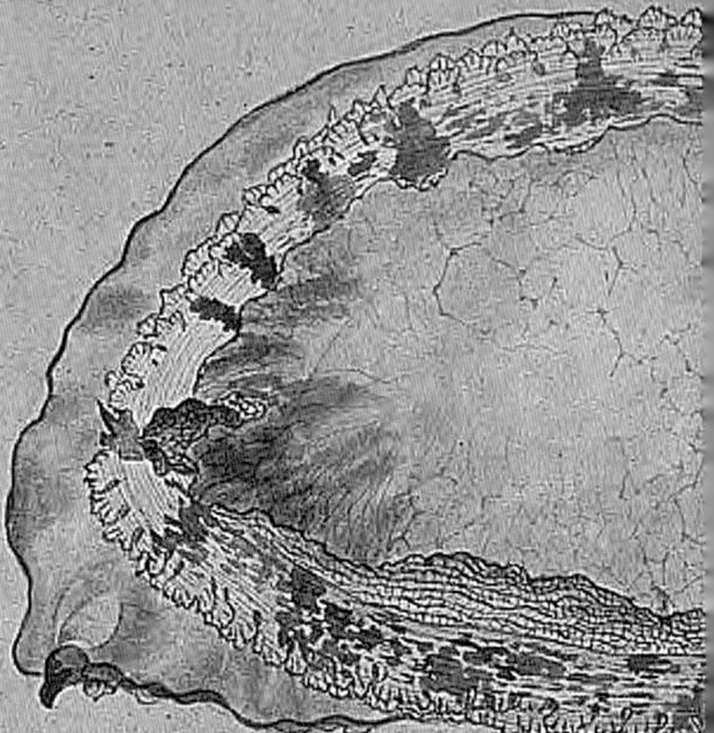

鲍鱼

六々貝合和歌
　左十二番
　　百首
　　ナヘテヨノ戀路ニイカテ
　　ウツシニ
　　蛇ノ貝ハヲノカ思ヒヲ
前歌仙外三十六品内
伊セノアマノ朝ナクナニ方ツクテウ
　ーアワヒノ貝ノ片思ヒシテ

牡丹花

癸巳六月廿九日
　真寫

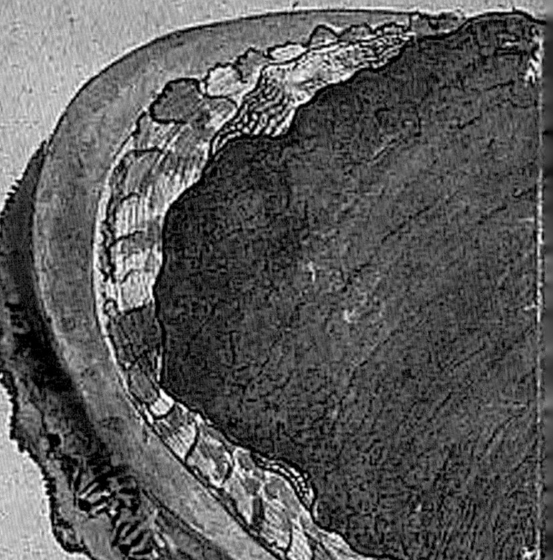

部武斎志
田螺 タニシ
田贏 タニシ

タツヒ　和名抄
クツホ　東雅
タニタ虫　敬丹
ツホ　肥後
タミナ　薩州

癸巳禍夏十日
真寫

多識編

鰒 阿抄 魚名似蛤偏著石肉乾可食出青州海中矢本草云一名鰒

蚫 比之

石決明 ケツメイ ビハ 九孔螺 日華 殻ヲ名ヶ千里光鰒魚甲ト

各名千里光鰒魚甲ト

料理綱目 鰒 アワビ

環日

九孔トテ九ツ有ルヲ葉刀ヲ上ヨ

或ハ七孔ヲ著ヲ有テ孔以上ヲ用

蘇頌ト蘇恭ハ一石決明ト鰒魚ヲ揚ヨ

弘景ト蘇恭ハ石決明ト鰒魚ヲ揚ヨ

蘇頌ト勝珍ハ一種二種トシ本邦

蚫無二種此雄雌ヲ以テ爲二種

平鰒魚ハ別ニ蚫ノ殻ヲ名ナリ

石決明雌雄之二種

雄貝者色黒緑色

雌貝者色濱黄色

雌雄之貝二貝而

合貝ヤ黒燒ヲ孕婦

滿月十日前一度

白湯ニ用乳出兼

若用之右功妙

也本草此功

不載

環日

石決明雌雄之二種

石決明雄貝 アワビノヲカイ

真寫

甲午正月 日

アワビノメカイ 石決明雌貝

绘画步骤
PAINTING STEPS

1-1

拿铅笔在拷贝纸上起稿，起稿时，鲍鱼足部的深色条状斑纹也要画出来。

1-2

画鲍鱼软体区域的边缘线时，弧线中间要穿插直线，这样的边缘线会让鲍鱼看起来更鲜活。

1-3

参考宝贝步骤 1-3 的拓印方法，将鲍鱼的线稿拓到水彩纸上。

步骤 **2**
铺底色

2-1　鲍鱼壳的表面主要由黄、绿、橘三个色块组成。用小号狼毫笔蘸取深黄色、中绿色和橘色颜料，用湿画接色法分别将鲍鱼相应的色块铺一层淡淡的底色。

2-2
用小号狼毫笔蘸取淡淡的深褐色勾勒出鲍鱼上足和下足的暗部边缘。下笔的轻重变化会使画出的线条产生粗细的变化，勾线时受光区域的线条用笔要轻，暗部区域的线条用笔要重。

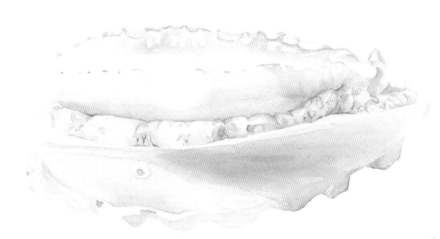

2-3
用小号狼毫笔在橘色颜料中调入少量深褐色，用干画平涂法画出上足小丘暗面。继续用这个颜色，从干画晕染法画出下足跖面的暗部，注意画的时候要留出高光。因为光源在画面中上方，下足和上足交界的地方处在阴影里，颜色应该稍深一些。

步骤 3
下足斑纹

3-1

用小号狼毫笔在橘色中调入少量朱红色，用干画晕染法加深下足两边的暗部，这样会让整体看起来更透亮。拿小号勾线笔蘸取深褐色勾出下足最深的条状斑纹。

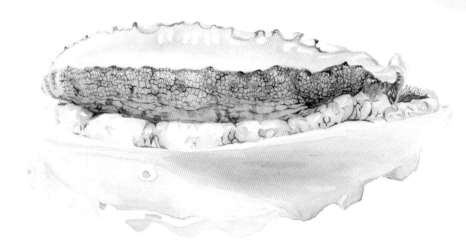

3-2

用小号狼毫笔调和淡淡的深褐色，参照深色条状斑纹的位置画出灰面和亮面的浅色条状斑纹。亮面的条状斑纹接近光源的地方需要减淡。

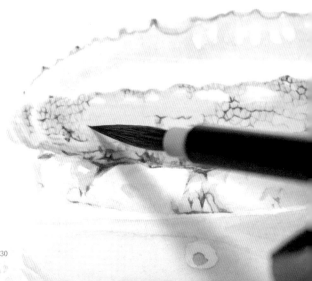

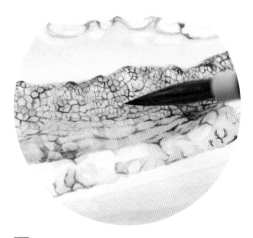

3-3

用小号狼毫笔在深褐色中调入少量的黑色颜料，用笔尖加重下足和上足交界处的条状斑纹，以及下足木耳状边缘的顶点。用小号狼毫笔分别蘸棕色和深褐色，以干画晕染法画出下足的浅色斑纹。

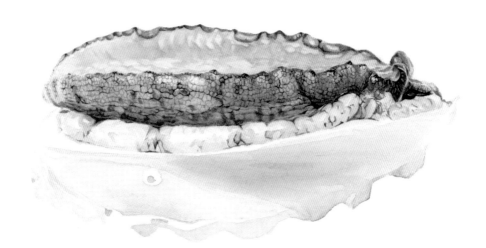

步骤 4
下足明暗

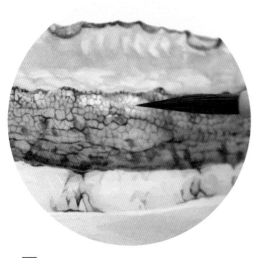

4-1　用小号狼毫笔加深下足斑纹，接近下足和上足明暗交界线的斑纹颜色稍重一些。

4-2
拿小号狼毫笔蘸白色颜料，用干画晕染法画出木耳边的第一层高光。画高光的时候要避开底下的条状斑纹，因为条状斑纹是向下凹陷的，处在阴影里，不受光。再拿小号勾线笔蘸浓浓的白色颜料画出高光区域的最亮点。

4-3
拿小号羊毫在橘色中调入少量深褐色，用干画晕染法画出木耳边固有色。趁湿，拿小号狼毫笔蘸深褐色勾出边缘的暗部。吸附岩石的一面明暗对比略明显，下足整体呈蜷缩状。画面最上方部位是个处在背光处的立面，所以比中心颜色稍暗，颜色可以略深一些。

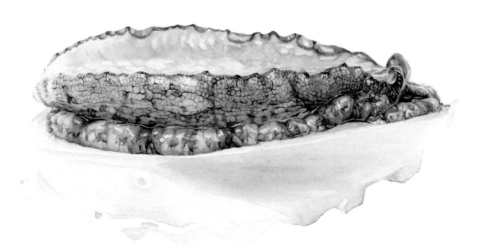

5-1 拿小号狼毫笔蘸取深褐色加深上足小丘的暗部颜色。小丘的转折面比较多，整体来看，横面比竖面颜色略深，上色时要用干画晕染法一层层逐渐加深。

5-2

拿小号狼毫笔蘸取淡淡的橘色，继续用上一步的画法加深小丘的大块斑纹。再拿小号狼毫笔蘸深褐色，用笔尖勾勒小丘暗部的边缘线。用小号狼毫笔勾线是因为小号狼毫笔可以通过改变用笔的力度使线条产生粗细变化，这样画出来的线条更自然生动。

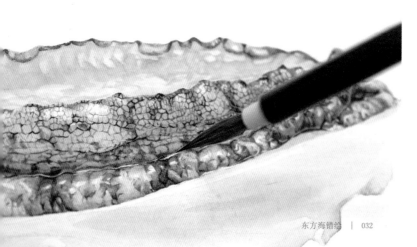

5-3

用小号狼毫笔蘸白色颜料挑出下足与上足交界线的高光，然后再点出上足每一个小丘的高光。为了让足部看起来更水润，高光依然要分两层来画，画底层时白颜料要加水变薄，画上层时用笔尖直接蘸取白颜料上色。

6-2 拿小号狼毫笔蘸黄色和橘色颜料，用湿画接色法画出壳左面橘色区域褶皱的暗面。再依次蘸深褐色和黑色颜料，继续用湿画接色法画出壳左褐色区域的褶皱暗面。最左侧的反光可以夸张一些，上色的时候留白要多一些，这样鲜明的对比会让物体看起来更有立体感。

6-1
在中绿色中混入少量天蓝色颜料备用，再在深黄色颜料中混入少量橘色，拿小号狼毫笔依次蘸取这两个调好的颜色，用湿画接色法画出鲍鱼壳的底色。上色时要把壳面附生的管虫留白，趁湿，蘸棕色颜料加深壳的蓝色区域暗面。再依次蘸橘色、紫色、深褐色，分别画出壳左半部分的杂色斑。

6-3 用清水打湿管虫，拿小号狼毫笔蘸黄色颜料画底色，蘸深褐色颜料勾出管虫口暗部边缘线，再用这个颜色加深管虫的暗面。然后依次蘸紫色、橘色、中绿色，分别画出管虫与壳体相接处的环境色。纸面变干后，在白色颜料中混入少量的水，用小号勾线笔立笔挑出壳左半部分的杂色斑和高光。

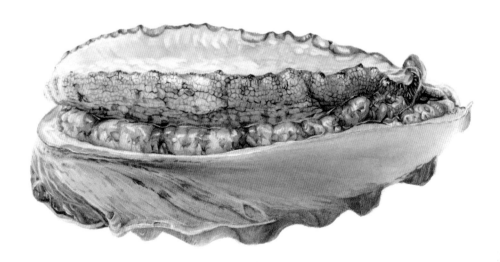

步骤6
壳部斑纹

7-1

拿小号狼毫笔蘸清水打湿壳的右半部分，在大红
色中调入少量棕色，画出壳表褶皱的暗面。

7-2

趁湿，拿小号狼毫笔蘸深褐色颜料，加深褶皱
暗部交界线。画最下面呼吸孔上褶皱的暗面
时，可以在深褐色中调入一点黑色，与白色的
反光形成强烈对比，这样能让壳增添立体感。

7-3

拿小号狼毫笔蘸取较浓的白颜料，轻
擦出壳右边的反光和壳表褶皱的微弱
高光。再蘸略浓一些的白颜料轻擦在
右半部分壳口边缘线上，这样可以让
壳看起来更有厚度。

步骤 7
壳部光影

鲍鱼
Abalone

分类：软体动物门腹足纲鲍科

分布：北美太平洋沿岸、日本和澳大利亚沿岸、南非大西洋和印度洋沿岸

食物：以藻类为主食

外形近似卵圆形或耳状，背腹扁，坚硬的贝壳覆盖头部、足部、外套膜和内脏囊。壳口与体螺层等大。壳的左侧前面数个小孔是呼吸和泄殖的孔道。壳面紫褐色或绿褐色，颜色依种类以及饵料不同而异。生长纹明显。壳的内面银白色，有彩虹般的珍珠光泽。头部两侧各具一细长触角，触角之间有一头叶，发达的吻在头叶的腹下方。足部极发达，分上足和下足两部，上足周围具触手。在藻类生长季节，逐渐移向浅水区摄食海藻，并进行生殖。

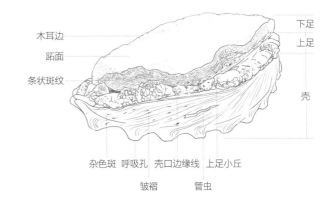

木耳边 　跖面 　条状斑纹 　下足 　上足 　壳

杂色斑 　呼吸孔 　壳口边缘线 　上足小丘 　皱褶 　管虫

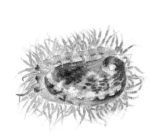

鲍鱼壳的颜色依种类以及饵料不同而异。

美食中的鲍鱼干。

鲍鱼利用腹足吸在石头上。

草鞋蠣 コロビガキ ツワノイト
イタボ 上總末更津
イタボウ 濱川

一種洋海中ニ生ス形圓ニシテ大サ六七すヲ
コロビカキト云一名其カキ加州 ハス子泉川
此ハ海底ニ附生シ常ニ蠣ノ如クニ冒シテ
石ニ着カス敲ク形正シメ歪ヲ 備前
ヲナカキ備後 一名ヲナカキ
須ニ一大名卵馬蹄トユモノニメ閩書ノ
蠣鞋ナリ夏月肉ヲ食フ形ハ大ナレモ
味ハ常ノ蠣ニ劣レリ

船蛸

蓋之圖

海ノ淺潟ニ生ス木石ニ因ラス
孤リ生スイタラ貝ニ似テ九ク
扁ニ味不美スイツカキ
ヲキカキ有是ユロヒカキノ
一種小ナル者

章魚船　タコブ子
護史記餘　アヲイ貝
舟魚

拂子貝（ホッスガイ）

卿興外記
舟魚　カイダコ　乙姫貝
壺各ヒツピナーナクス
者非也章魚舟ノ帆立貝ノ華也以益爲帆以殻

明艾儒男曰
堅ニ羊殻ヲ當舟張足皮ニ當帆乘風而行名曰航魚
章魚アリテ兩手ヲ以テ兩足ヲ出シ梶草
ヲ以頭ヲ立テ帆ノ如クシ潜キメ其殻ヲ以
其章魚有大毒不可食其殻脣花缸ニ

越前海蛸船大丸着七八十中器小十
章魚舟トス此章魚舟ト云考同書曰乾蛸
アリ蛸膾アリ大勝式ニ干蛸アリ政ニ蛸膾
章魚舟ニアリス帆ノ結ナルヘシ
蛸舟八俗名ニ貝蛸トス本名一各身姫貝トス

延喜式ニ生于式ニ曰
蛸ヲ蛸トス此章魚舟トモ云
○日本書記敏達天皇五年係下ニ貝蛸皇妻
アリ貝蛸ノ各久ニシ

○職方外記ニ云一種水屬之魚惟尺許有殻六足女有皮如
欲他徙則堅羊殻當舟張足皮當帆乘風而行名曰
舟魚
龍咸秘書書卷九譯史紀餘之蛸魚六足有殻有皮惟
長尺許如欲他徙則堅牛殻當舟張足皮當帆乘風
云々

乙末八月戊九日倉橋氏
所藏之之真鷹

绘画步骤
PAINTING STEPS

步骤 1
起稿

1-1

拿铅笔在拷贝纸上起稿，可将船蛸的外形看作一个卵形。由于船蛸外套壁薄，可透过外套隐约看到软体部分的斑纹。

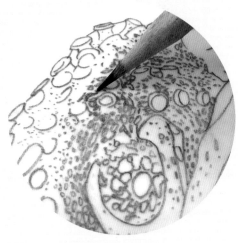

1-2

船蛸的色素点斑是随着身体的起伏而产生大小变化的，并且外突的吸盘周围的色素点斑会比身体凹陷区域的色素点斑要大一些。起稿时要圈出大的色素点斑，方便后期上色。

1-3 参考宝贝步骤 1-3 的拓印方法，将船蛸的线稿拓到水彩纸上。

步骤 2
铺底色

2-1

船蛸的底色主要由黄、蓝、紫三个色块组成。先拿小号狼毫笔蘸深褐色画出眼睛，再用清水打湿整个船蛸，趁湿，用小号狼毫笔蘸取黄色、普鲁士蓝和紫色颜料，分别将船蛸的头、足铺一层淡淡的底色。

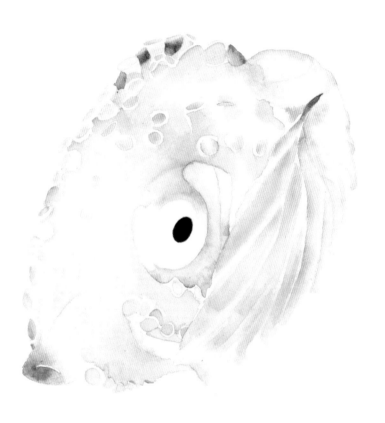

2-2

拿小号狼毫笔分别调出黄绿色、橘黄色，画出眼睛上方的投影。水彩有个特性，就是颜色容易在边缘堆积起一个水渍边，画透明物体的时候要注意在颜色未完全干时，用蘸清水的笔擦掉这个水渍。

2-3

拿小号狼毫笔分别蘸黄色、橘色、紫色、普鲁士蓝，继续用湿画接色法给船蛸的壳上色。透明物体看似难画，实际找到规律后就简单多了。每次画的颜色都略淡一些，画完一遍就要把画推远，整体观察，看哪里的颜色需要再加深一些，以此种方式一遍一遍地上色。

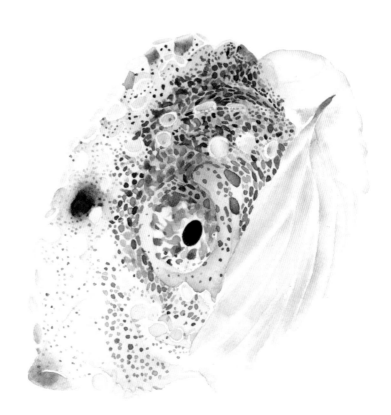

步骤 3
身体点斑

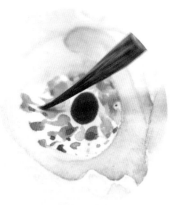

`3-1`

待底色干后，拿小号勾线笔分别蘸深黄色、橘色、朱红色、棕色，用干画叠色法，由浅到深画出眼睛上的色素点斑。

`3-3` 腕上的色素点斑颜色丰富，可以将小号勾线笔垂直于纸面，由浅到深按照深黄色、土黄色、橘色、朱红色、大红色、紫色、棕色、深褐色的顺序分层来画。因为船蛸是透明生物，需要保留颜料的透明特性，所以画这些点斑的时候纸面要湿一些。

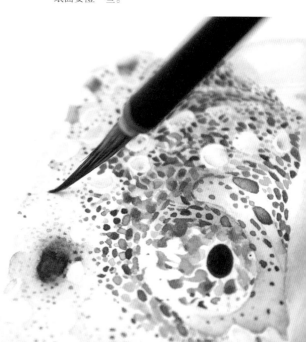

`3-2` 吸盘周围会有一些很小的色素点斑，画这些小色素点斑的时候要垂直用笔，并缓慢画圆，尽量不要出现毛边。画完小色素点斑之后，拿小号狼毫笔调和大红色与紫色，用湿画单色法画出船蛸嘴部。

4-1
拿小号勾线笔用同样的方法画出壳上透出的色素点斑，注意虚实变化，越靠后的点斑颜色越淡，颜料中要适量加水。

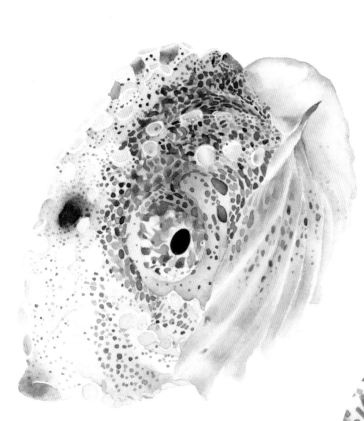

4-2
拿小号羊毫笔分别蘸橘色和深褐色颜料，用湿画叠色法加深壳部上方的暗面。

4-3 蘸普鲁士蓝，用湿画单色法加深壳边缘和壳肋暗部颜色。注意壳本身是白色半透明体，我们看到的橘色、蓝色等都是壳透出来的船蛸胴部及腕部的颜色，所以上颜色的时候要少蘸颜料且多加水，营造半透明感。

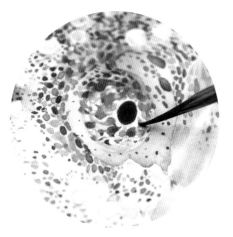

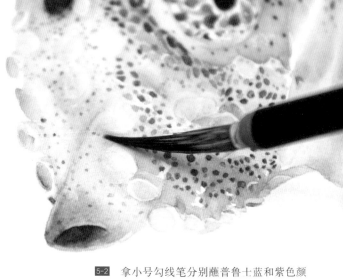

5-1 拿小号勾线笔调和橘色和棕色，用干画平涂法加深眼睛上方投影里的色素点斑，再拿小号勾线笔蘸上珠光蓝色画一些暗部的反光。在画白色高光之前，可以在瞳仁周围画一些珠光银色，让眼睛看起来更有神。

5-2 拿小号勾线笔分别蘸普鲁士蓝和紫色颜料，用湿画叠色法加深漏斗及腕的暗部。上暗部颜色的时候颜色要淡，因为透明物体的暗部也是带有透明感的。

步骤 5
特效

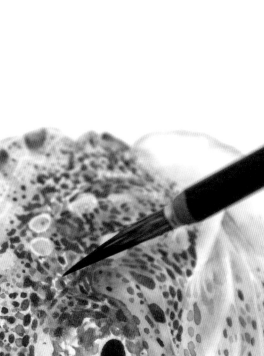

5-3 拿小号勾线笔蘸金色颜料，用干画晕染法给腕侧面的色素点斑加上金色。再拿小号勾线笔蘸白色颜料，用笔尖轻挑出腕部的高光。再用高光液提出高光的最亮处，增加层次感。

步骤 6
高光

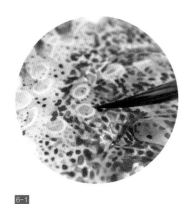

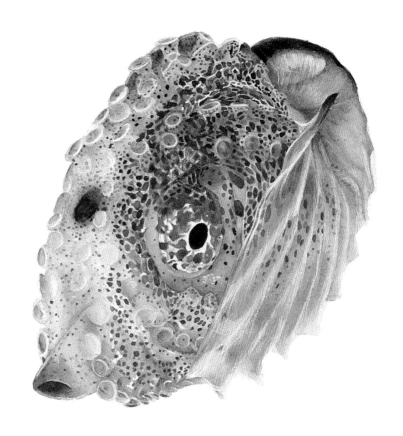

6-1

拿小号勾线笔蘸白色颜料，画出每个吸盘的高光。吸盘是一个带有厚度的半透明圆环，先用淡淡的白色勾出吸盘的边缘，再用稍浓的白色颜料按照光源在左侧挑出高光。注意整张画最白的地方并不在吸盘上，而是在眼睛上，所以其他地方的高光不能亮于眼睛。

6-2

拿小号狼毫笔分别蘸取普鲁士蓝、橘色、深绿色、深褐色，用湿画接色法加深壳的暗部。纸面干后，拿小号勾线笔蘸取白色颜料，擦出壳的高光，画高光的时候手腕不动，竖直拿笔利用臂力推笔上色，注意高光要有颜色浓淡变化。

提示：水彩画中尽量少用白色颜色，因其具有一定的覆盖性，颗粒感比较重，只适合提亮局部。如果用了白色颜料来做底色，又想在上面画其他颜色，上层颜料要尽量干一些，否则容易出现参差不齐的边缘。

6-3 拿小号勾线笔在紫色中调入少量黑色，用湿画单色法画出壳上深紫色色带。注意边缘过渡要自然，上完颜色后不要来回改动。

船蛸
Paper nautilus

分类：软体动物门头足纲八腕目船蛸科
分布：温带、热带和寒带海域
食物：贝类、甲壳类、底栖鱼类和同类

口的周围有 8 只腕，腕吸盘2 列。雌性体大，第一对腕极膨大，具有很宽的腺质膜，用以分泌和抱持贝壳；雄性体小，没有外壳。软体肉质。雌性的外套膜呈圆顶状，外表平滑，没有鳍，外套膜开口宽阔。第 2—4 腕细而没有膜。雄性的右第 3 腕是鞭状末端延长的交接腕，在交配时会自切。雄性通常栖息在大洋或深海海底，主要用腕匍匐而行，也能借漏斗喷水方式在水中游泳。雌性以喷水方式游泳时，壳顶向下，腕部伸出，顶端呈翼状的背腕颇像一张船帆，而其扁壳很像一叶微形的小舟，遇到外敌则埋入壳中沉入海底。

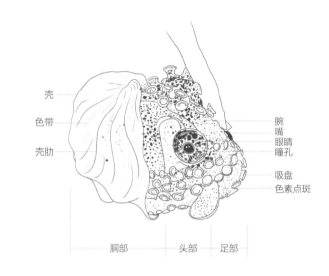

壳
色带
壳肋

腕
嘴
眼睛
瞳孔
吸盘
色素点斑

胴部　头部　足部

壳上有许多小结节

壳薄如纸

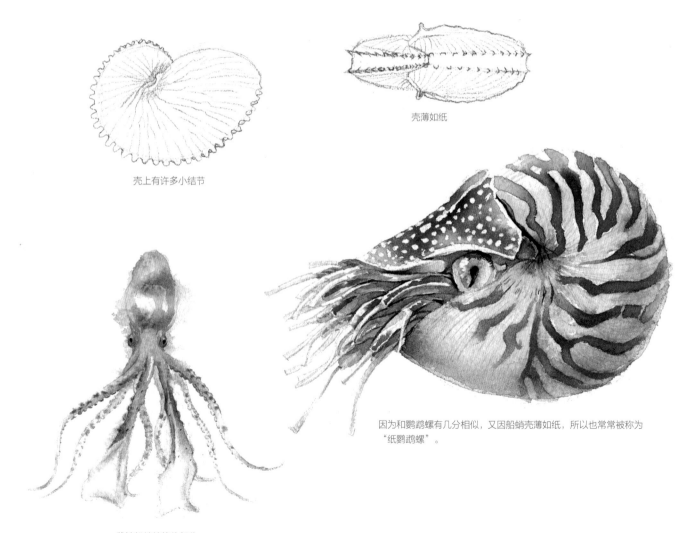

雌性船蛸的软体部分

因为和鹦鹉螺有几分相似，又因船蛸壳薄如纸，所以也常常被称为"纸鹦鹉螺"。

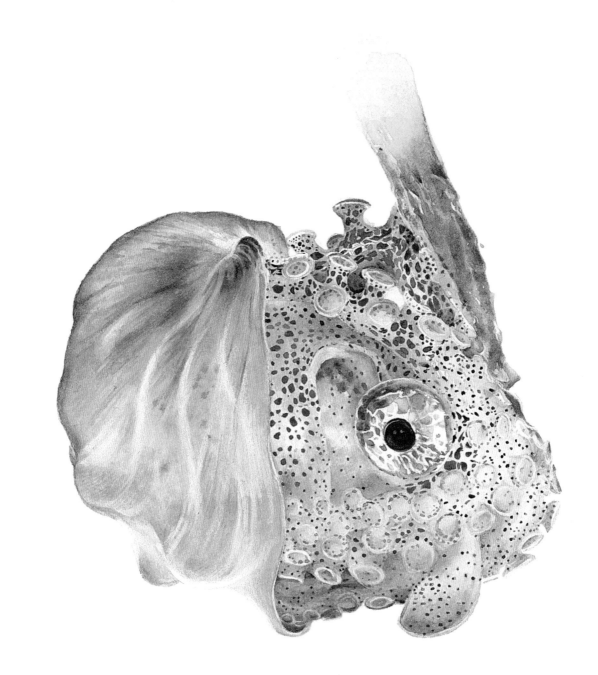

雌性船蛸性成熟后，便会分泌石灰质，制造一枚可供居住、两侧扁平的卵壳。卵壳具有两排由互生结瘤构成的龙骨，侧面生有肋脉状的棱纹。有些种类的船蛸（如阔船蛸），龙骨间距较宽阔，所以外观整体略方。雄性船蛸有一对腕足顶端极其膨大，具有很宽的腺质膜，卵壳就是由它们分泌制造的。卵壳完成后船蛸便躲藏其中，如同乘坐了一艘小船。既然被称为"卵壳"，那它最大的作用自然是孕育下一代。章鱼喜欢在洞穴中产卵，这对通常生活于海水表层的船蛸来说就很难办，于是它们演化出了制造卵壳的特殊技能。雌性船蛸会在卵壳中产卵，并守护它们，直到受精卵孵化；如果外壳受损，它们还会分泌石灰质进行修补。

丙申閏六月六日真寫

前歌仙貝三十六品之内
後撰 伊勢ノ海ノ延虫ノマテカク待テシバシ
ウラミテ波ノヒマハナクトモ
以馬刀マテトス非也マツ蟶也浦ノ錦六
蟶ヲマテト ○淡菜其肉婦人ノ陰戸ニ
ス可考 能似タリ故ニ海夫人トヱ
海藻ノ海男トヱ一對天
地ノ男女ヲウタドル異品
ナリ

貽貝

丙申閏四月七日真寫

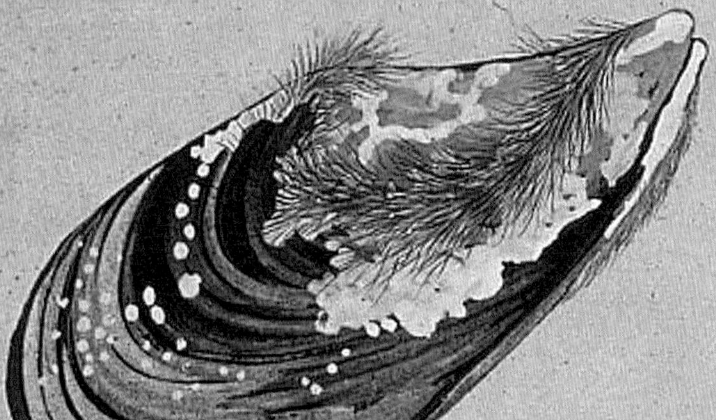

闔書曰イガイ
異魚圖讀 淡菜 一名 殻菜 浙人呼所
貽釆
東海夫人 海蛭 音階
貽釆 延喜式貽貝鮨アリ
イ貝 毛貝 北国
イ貝
瀬戸貝 藝及
ヒメ貝
ウミチシナ

和名抄 貽貝 イカイ
甫雅云 貽貝ハ一名黒貝

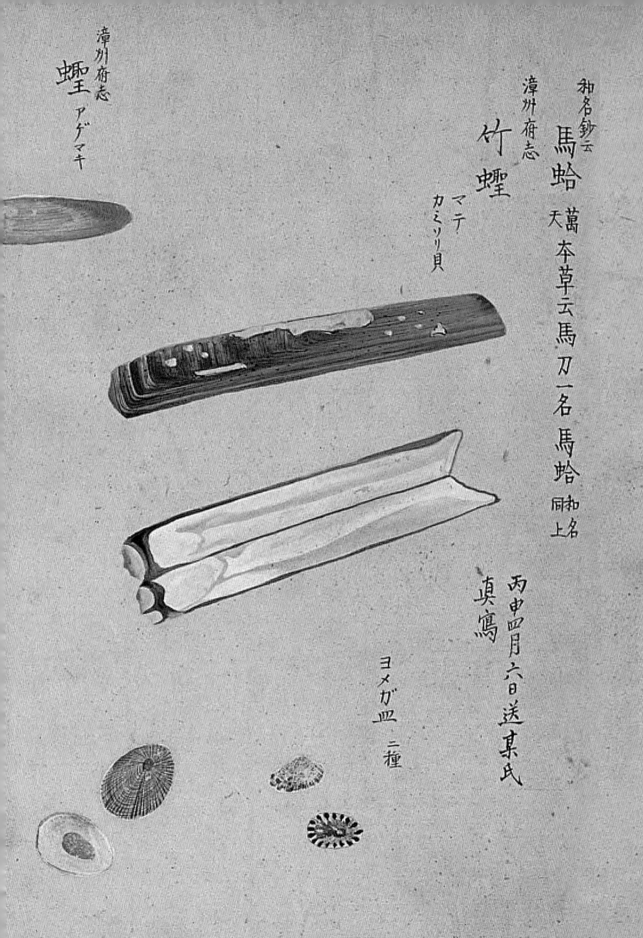

和名鈔云

漳州府志
馬蛤　萬　本草云馬刀一名馬蛤 鰯上名
　　　天

漳州府志
竹蟶
　　マテ
　　カミソリ貝

漳州府志
蟶　アゲマキ

真寫

丙申四月六日送某氏

ヨメガ皿　二種

绘画步骤
PAINTING STEPS

1-1

在拷贝纸上起稿，起稿时注意贻贝绿色生长纹的起点和终点会与壳顶相交。生长纹会根据壳的体积产生一些细微的疏密变化，画的时候要仔细观察。

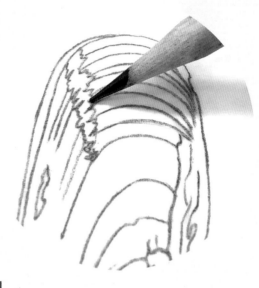

1-2

画出高光的轮廓线。由于壳体近似一个带有弧度的锥体，所以高光的形状会根据弧度向右下方逐渐变窄。

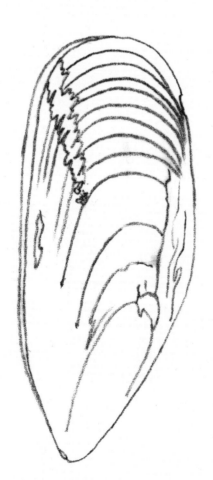

1-3

参考宝贝步骤 1-3 的拓印方法，将贻贝的线稿拓到水彩纸上。

2-1

先用留白液笔将留白液涂在高光位置。待留白液完全干后，拿小号狼毫笔蘸清水浸湿整个贝壳，再蘸取绿色颜料，在水略干时涂在壳的上半部分。

2-2

光源在左上方，暗面在右边。用小号狼毫笔在上一步的绿色中混入少量深褐色，画出壳右边的暗面，并留出反光部分。

2-3 趁湿调深黄色画出壳的下半部分。

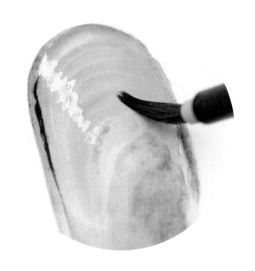

3-1

拿小号狼毫笔先用深褐色勾勒出贻贝壳上半部分的轮廓线，再用土黄色勾出下半部分的轮廓线。勾线用的颜料要干一些，离光源远的地方可以酌情加水，这样可以达到近实远虚的效果。

3-2

底色干透后，拿小号狼毫笔再次蘸清水打湿贝壳，在深绿色中混入少量褐色，画出壳表的生长纹。趁湿，拿小号狼毫笔蘸清水，擦一擦靠近边缘线的颜色，弱化水渍，会让颜色由深到浅过渡得更自然。

步骤3
生长纹

3-3

用同样的方法，混合深黄色与土黄色，画出贻贝壳下半部分的生长纹。在这个颜色中加入少量橘色，用干画晕染法来加深壳下半部分的暗面。

步骤 4
加深斑纹

4-1
用小号勾线笔蘸深褐色颜料画出壳背上的放射性色带。趁湿，加深色带上半部分颜色，再用蘸清水的笔擦洗色带下半部分，让其尾部逐渐消失。

4-2
拿小号勾线笔蘸浓一些的深褐色颜料，用干画晕染法画出壳表的深褐色斑纹。

4-3 拿小号狼毫笔蘸清水将壳背黄色部位打湿，再用少量深褐色加深暗部。

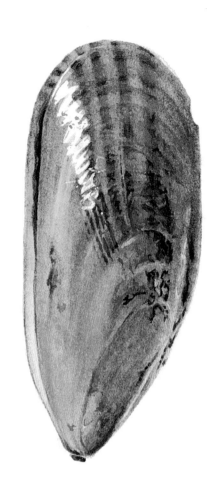

5-1
等干后用干画平涂法，拿小号勾线笔蘸棕色颜料加深壳背的色带。

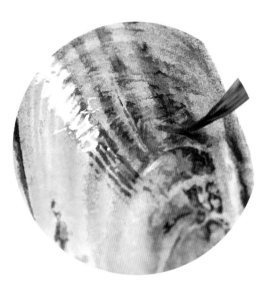

5-2
拿小号勾线笔蘸浓浓的深褐色点缀在明暗交界线上，让贻贝看起来更加立体。

5-3
等干后，撕掉高光部位的留白液，用小号勾线笔蘸白色颜料修正高光边缘。继续用小号勾线笔，在白色颜料中加入少量的水，勾出右面反光区域的轮廓线，营造出壳的光亮质感。

步骤3
立体感

贻贝
Sea mussel

分类：软体动物门双壳纲异柱目贻贝科
分布：世界各大洋
食物：杂食性，轮虫、绿眼虫、甲藻、硅藻等

俗称海虹或淡菜。贻贝的贝壳较轻薄，前端较尖，后端宽圆，背缘弯，腹缘较直，多数种类呈楔形。壳表呈黑褐色、绿褐色或褐色，光滑，生长纹细密，有的具有各种细放射肋或放射纹，有的壳后端具细黄毛。前闭壳肌小或缺，后闭壳肌大。由于营附着生活，足退化而足丝收缩肌发达。外套缘为一点愈合，肛水孔呈孔状，无鳃水孔。多数种类海生，栖息于潮间带和潮下带的浅海底，极少数种类生活在淡水湖泊和江河中。以足丝附着在岩石、码头、船底、浮标等物体上，少数种类穴居于石灰石或泥沙中。贻贝为雌雄异体，在中国北方有春、秋两个繁殖期，产卵量大，繁殖力强。

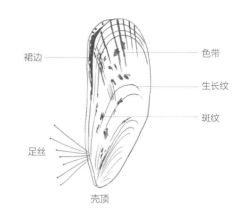

裙边　色带
生长纹
斑纹
足丝
壳顶

贻贝表面通常有藤壶附生。

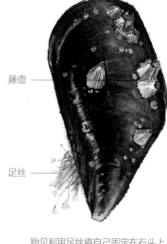

藤壶

足丝

贻贝利用足丝将自己固定在石头上。

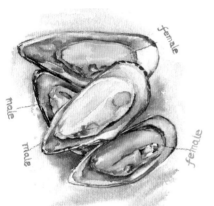

在繁殖季节里，红肉为雌性，白肉为雄性。

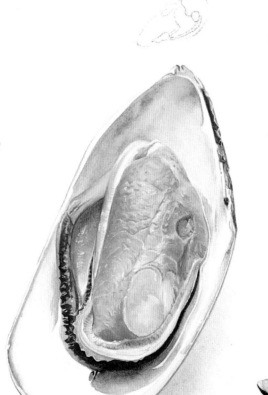

豆蟹

偶尔能看到豆蟹藏在贻贝中，坐享大餐。

贻贝群居在石头上。

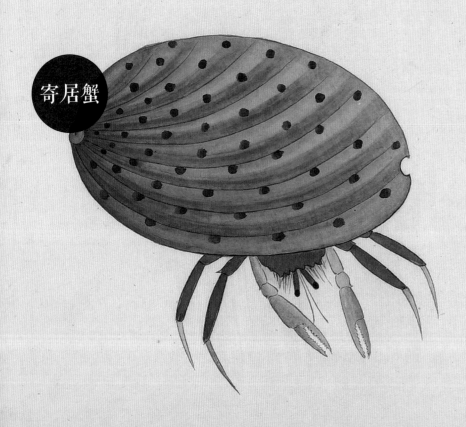

香螺之肉如錦紋殼形似土貼而
黃綠色或有黑斑點不等其肉似
腹魚而微香故以香名殼之大者
見養花家多架於藥欄以栽芸草
花卉為玩吳日知云至老亦有變
而為蟹者人亦稱為蟹螺

大香螺化蟹贊

香螺肉錦堂甘久隱
一朝變蟹玉不檻蠱

寄居蟹

變而為螺
破繭經霜

響螺化蟹贊

響螺不響
少小無聲
老來變蟹
四海橫行

海中之螺不但小者能變蟹
即大如響螺亦能變但不能
雖螺必負螺而行盖其半身
尚係螺尾也海人通名之曰
寄生不知變化之說也

響螺形長如角螺而無刺有癎南海出者
多花紋其殼吹之可為行軍號頭亦曰號
螺惟西番僧所帶者黃白花紋堂然如組
如鱗每清旦即吹法螺誦梵唄其大螺大
貝多產海西今閩海響螺通如此狀而琉
球尤多產海西人張玉明於康熙三十年過琉
球述其國捕得此螺以繩懸諸空除用炭
火炙之其肉自出乃取其頭切成大片浸久
之貨於福省偽充鰒魚又以其尾酷浸久
乃以磁盖磁碗琉球磁甕係長樣如竹筒式
甕紫之上船雖横直拋運無損也至福省

蠶繭螺白而圓長
絕類繭狀

蠶繭螺贊

`1-1`

在拷贝纸上起稿。寄居蟹的外形介于虾和蟹之间,多数寄居于螺壳内,可以看作是虾蟹的头部与螺壳的结合体。

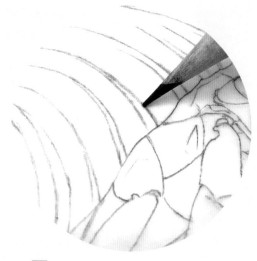

`1-2`

寄居蟹的螺壳很像大、小两个连接在一起的球体,小球体中的螺纹线间距小,大球体中的螺纹线间距大。起稿时注意螺纹的轮廓线由圆心向外间距逐渐变大。

步骤1
起稿

`1-3` 参考宝贝步骤 1-3 的拓印方法,将寄居蟹的线稿拓到水彩纸上。

步骤2
头足底色

2-1

拿小号勾线笔蘸橘色颜料，勾勒一遍寄居蟹头、足的暗部轮廓线。再拿小号狼毫笔将橘色与深褐色混合，用干画晕染法画出头、足的暗面和投影。这一步仅仅是用来区分亮面、暗面和投影之间的关系，颜色要淡一些。

2-2

蟹左面的两足属于亮面区域，拿小号狼毫笔蘸少量普鲁士蓝，用干画晕染法画出投影。在橘色中混合少量的深褐色，用干画平涂法加深后面几足的颜色，使亮面的两足与后面的几条橘色足形成强烈的冷暖对比，做出光照效果。用清水打湿眼睛，趁湿，用小号勾线笔蘸浓浓的深褐色勾出眼睛的轮廓线。

2-3

拿小号狼毫笔蘸橘色，用干画晕染法画寄居蟹第1触角的顶端和底部以及第2触角的底部，再用普鲁士蓝画寄居蟹第1触角的中间段和第2触角的顶端。接着用笔蘸橘色颜料，以干画晕染法加深暗部的蟹足关节颜色。

3-1 光从上方照下来，壳下方的阴影颜色是最重的。拿小号狼毫笔蘸深褐色颜料，用干画晕染法加深螺壳下方阴影颜色。在橘色中混入少量深褐色，加深后面三足的暗面。用小号狼毫笔在普鲁士蓝中混入少量深褐色，以同样的方式画出前两足的暗面。

3-2 拿小号勾线笔蘸浓稠的橘色，用仿沥粉法画出所有足上的疣突。纸面干后，用褐色画出疣突的暗面。螯足暗部，可以先拿小号狼毫笔蘸清水将掌节打湿，水快干时，混合橘色和深褐色，点上疣突，让其虚化效果更明显。

步骤3
足部细节

3-3 遵循近实远虚的规律，拿小号狼毫笔蘸清水将最右面的蟹足打湿，蘸蓝色颜料画出蟹足受光面，再用橘色画出蟹足暗面，趁湿，在蟹足根部叠加少量深褐色。用小号勾线笔蘸深褐色，以干画叠色法加深第1触角和第2触角的暗面，并留出亮面。

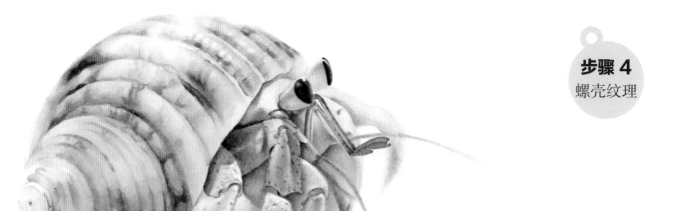

4-1　拿小号勾线笔在橘色中调入少量的深褐色，立笔勾出螺纹凹槽的轮廓线。用清水打湿整个螺壳，继续用这个颜色，拿小号狼毫笔给蟹壳暗面铺色，趁湿在暗部点上少量深褐色，加深暗部颜色。

4-2　拿小号狼毫笔蘸深褐色用湿画接色法画出每一个螺纹的固有色，注意壳的上半部分离光源近，越靠近光源的地方颜色要越淡。壳的下面颜色稍重，适当多蘸一些深褐色。

4-3　将橘色和棕色湿接，趁湿，点上少量的深褐色，画出螺纹上深浅不一的斑纹。再拿小号勾线笔蘸深褐色，勾勒螺纹凹槽暗部的轮廓线。

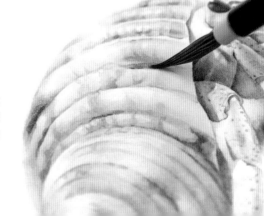

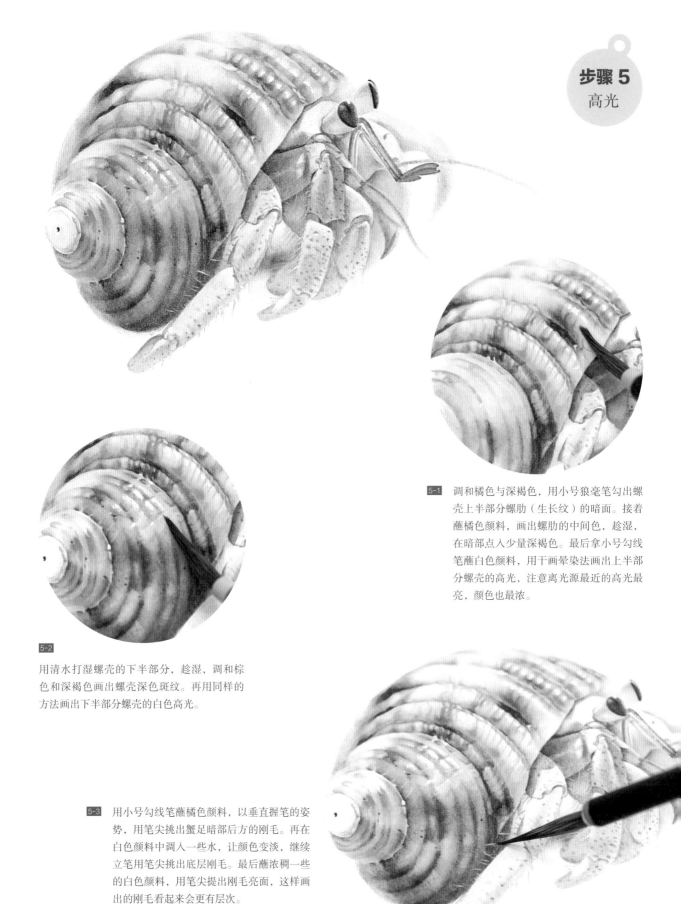

5-1 调和橘色与深褐色，用小号狼毫笔勾出螺壳上半部分螺肋（生长纹）的暗面。接着蘸橘色颜料，画出螺肋的中间色，趁湿，在暗部点入少量深褐色。最后拿小号勾线笔蘸白色颜料，用干画晕染法画出上半部分螺壳的高光，注意离光源最近的高光最亮，颜色也最浓。

5-2 用清水打湿螺壳的下半部分，趁湿，调和棕色和深褐色画出螺壳深色斑纹。再用同样的方法画出下半部分螺壳的白色高光。

5-3 用小号勾线笔蘸橘色颜料，以垂直握笔的姿势，用笔尖挑出蟹足暗部后方的刚毛。再在白色颜料中调入一些水，让颜色变淡，继续立笔用笔尖挑出底层刚毛。最后蘸浓稠一些的白色颜料，用笔尖提出刚毛亮面，这样画出的刚毛看起来会更有层次。

寄居蟹
Hermit crab

分类：节肢动物门软甲纲十足目寄居蟹总科
分布：潮间带、浅亚潮带、浅海域
食物：杂食性

外形介于虾和蟹之间，因多数寄居于螺壳内得名。一般体躯左右不对称，腹部较柔软，可卷曲于螺壳中。尾节也常不对称。眼柄基部有眼鳞。第1触角柄常折叠，第2触角柄基部多具一棘。螯足一对，具强壮的螯，为取食御敌用。第2对、第3对步足较长，爬行用，第4对、第5对步足一般很小，可支撑着螺壳内壁、使体躯稳定。尾肢和尾节左面常较右面发达。当体躯逐渐长大时，能随时调换较大的空螺壳。平时多在海边或浅水内爬行，如遇危险，即缩入螺壳内，并以螯足塞住螺口。

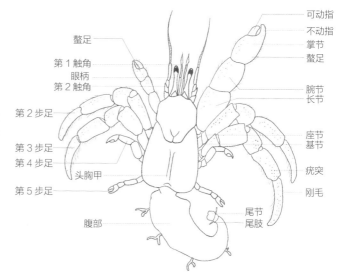

螯足
第1触角柄
眼柄
第2触角
第2步足
第3步足
第4步足
第5步足
头胸甲
腹部
可动指
不动指
掌节
螯足
腕节
长节
座节
基节
疣突
刚毛
尾节
尾肢

随着身体的逐渐长大而不断更换新壳。

因为海螺大多是右旋，所以寄居蟹的腹部也是右旋，且用尾节紧紧勾住螺壳，不让自己脱落。

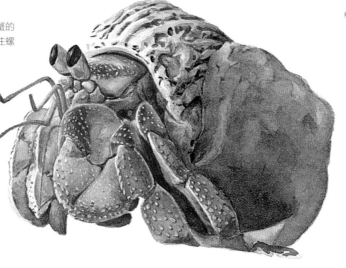

寄居蟹为了保护自己，将柔软的腹部藏在螺壳里面。

最大的陆生寄居蟹椰子蟹爱吃椰子和腐肉。

鼓虾

海中有一種蝦其暑如蝦狀而輕薄頭殼
前尖後濶而空張身尾如蝦無肉兩目長
豎兩呂若臂有尖刺常抱蝦腹吮其涎而
蝦為之困海人悮稱為蝦属非也

　蝦虱贊

水中有虫常為蝦患
腹底藏身射工難覩

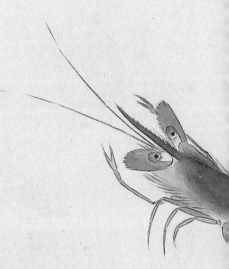

閩海有一種大蚶蝦身紅而蚶粗短鬚亦
不長特異諸蝦不知何物化生也
大蚶蝦贊
蝦小蚶大狀如擁釼
莫邪干將雙舞海面

綠蝦産外海溪水大洋邊海之蝦止有龍
蝦色綠其餘不過紅白黃紫而已海中無
黑蝦淡水中多有之彙苑云閩中海蝦五
色而不為分出以今攷之果有五色更有
褯色不同是又在五色之外者也
溪洋綠蝦贊
蝦具五色紅白紫黃
四舞將軍一綠衣郎

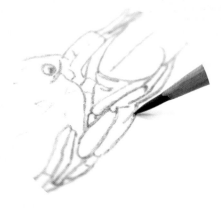

1-1

在拷贝纸上起稿，起稿时注意把握鼓虾的整体动态，从尾节到第 2 触角基本上处在同一条直线上。

1-2

虾身的腹节甲片大小不同，从头部到尾部逐渐变小，形状也由方形逐渐变化为三角形。

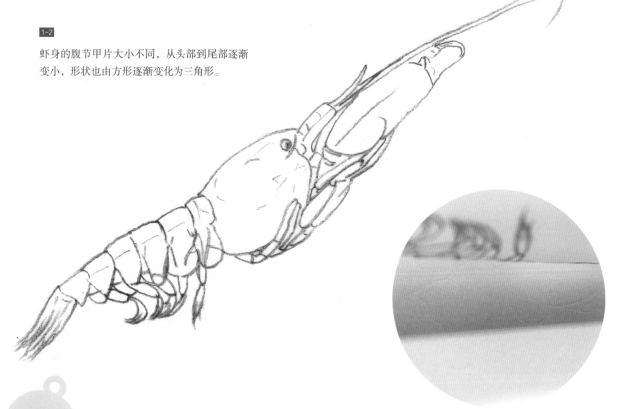

步骤 1
起稿

1-3

参考宝贝步骤 1-3 的拓印方法，将鼓虾的线稿拓到水彩纸上。

步骤 2
铺底色

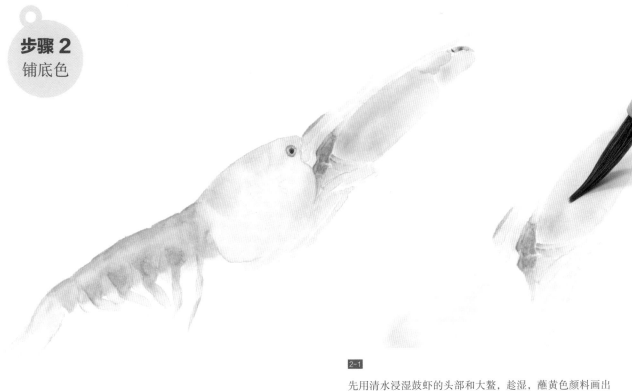

2-1

先用清水浸湿鼓虾的头部和大螯，趁湿，蘸黄色颜料画出虾的胃部。再蘸紫色颜料，给胸肢铺色。用小号狼毫笔蘸淡橘色颜料画出额角，趁湿在额角暗面画上紫色，让其与底色自然衔接。用橘色继续平涂第 2 触角柄。

2-2

拿小号狼毫笔在淡橘色中调入一点朱红色，用干画晕染法画鼓虾的腹部和尾扇，注意留出亮面。

2-3

趁湿，在腹部亮面点上少量紫色，腹肢边缘加上少量紫色，再在尾肢亮面加上淡淡的天蓝色。

3-1

拿小号狼毫笔蘸天蓝色，用干画晕染法加深胸肢的暗面颜色，再用白色颜料勾出胸肢的轮廓。继续拿小号狼毫笔，将黄色与橘色进行湿接。

3-2

将普鲁士蓝与大红调合成紫色，拿小号狼毫笔蘸清水打湿腹部和尾部的外缘，趁湿，将颜色平涂在投影区域，颜色要涂在清水以内，让其自然扩散。紫色背景色可以多调一些备用。纸面干后，再用小号勾线笔蘸白色颜料勾出腹节甲片的轮廓线。

3-3

用清水浸湿尾肢，拿小号狼毫笔调出黄绿色画出尾肢暗面，趁湿，将天蓝色点在尾扇边缘。再蘸少量紫色点在尾扇亮面，因为虾是透明的，亮面会透出底层投影的紫色。趁湿，再蘸白色颜料，挑出尾扇的高光。

步骤 3
立体感

步骤 **4**
大螯

4-1

拿小号勾线笔蘸橘色画出大螯上的斑点。为了营造近实远虚的效果，靠近头部的斑点颜色要浓一些，远处的颜色要淡，颜料中应调入一些水。再拿小号勾线笔蘸浓浓的白色颜料提出大螯的高光。继续拿小号狼毫笔蘸橘色，用干画晕染法画出大螯掌节的暗部。趁湿，蘸朱红色，点在近左边关节处，增加大螯的立体效果。纸面干后，拿小号勾线笔蘸白色颜料点出掌节高光。

4-2

用小号勾线笔蘸 3-2 中画投影的紫色，竖直拿笔勾出大螯、胸肢、额角的外边缘线。为了突显虾体的透明感，用湿画单色法继续画出虾上半身的背景色。

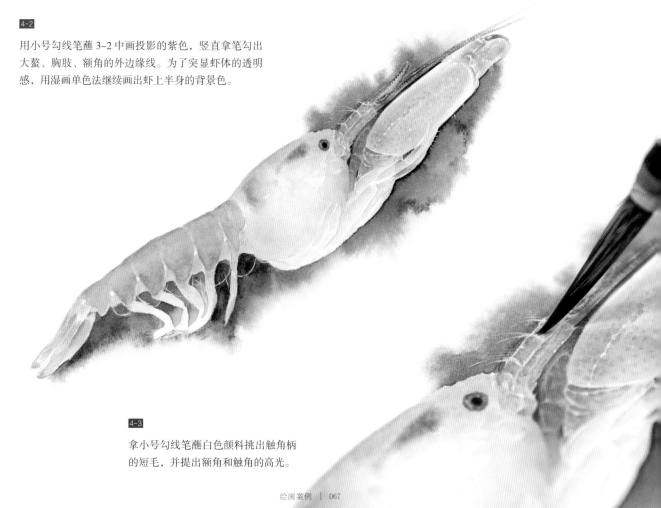

4-3

拿小号勾线笔蘸白色颜料挑出触角柄的短毛，并提出额角和触角的高光。

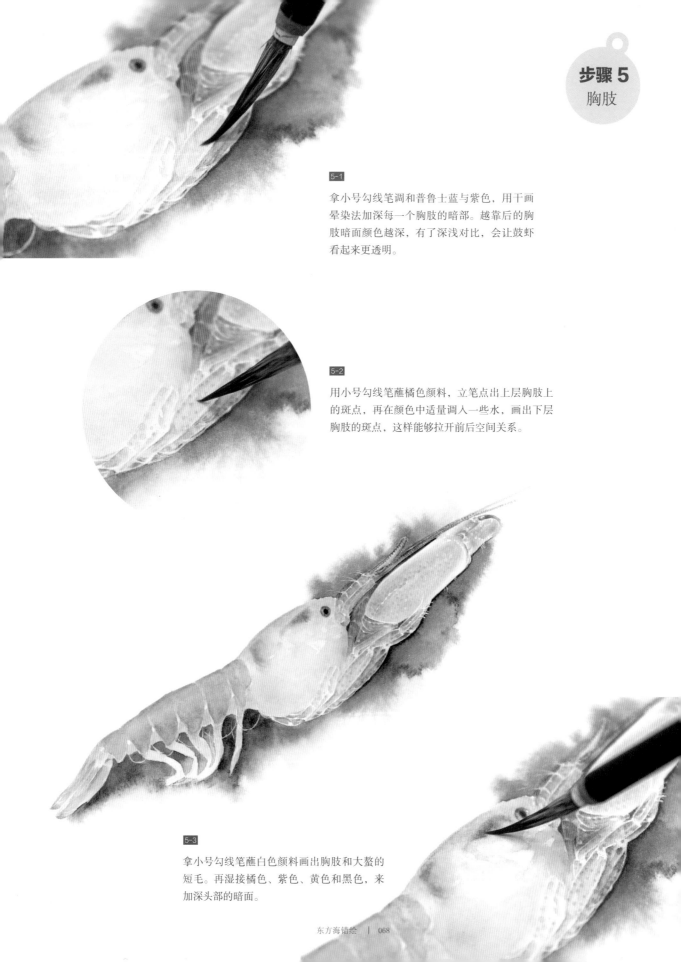

5-1

拿小号勾线笔调和普鲁士蓝与紫色，用干画晕染法加深每一个胸肢的暗部。越靠后的胸肢暗面颜色越深，有了深浅对比，会让鼓虾看起来更透明。

5-2

用小号勾线笔蘸橘色颜料，立笔点出上层胸肢上的斑点，再在颜色中适量调入一些水，画出下层胸肢的斑点，这样能够拉开前后空间关系。

5-3

拿小号勾线笔蘸白色颜料画出胸肢和大螯的短毛。再湿接橘色、紫色、黄色和黑色，来加深头部的暗面。

6-1

头部有 3 层斑点，第 1 层是附在头胸甲表面的白色小斑点，第 2 层是附在头胸甲表面的蓝色大斑点，最后一层是头胸甲里部的橘色斑点。拿小号勾线笔在白色中调入少量中绿色与天蓝色，用仿沥粉法点出体表层发光点。

6-2

拿小号勾线笔蘸淡淡的橘色颜料，立笔画出最底层斑点。然后，在橘色中调入少量白色，再次立笔用仿沥粉法画出头胸甲表面的白色小斑点。在透明物体上，底色明度越低，越能衬托出上方物体的透明感，所以处在暗面的斑点颜色应该更白一些。

6-3

用小号勾线笔蘸淡淡的橘色颜料，以干画晕染法画出虾头黄色胃部的暗面。再蘸白色颜料，挑出高光。

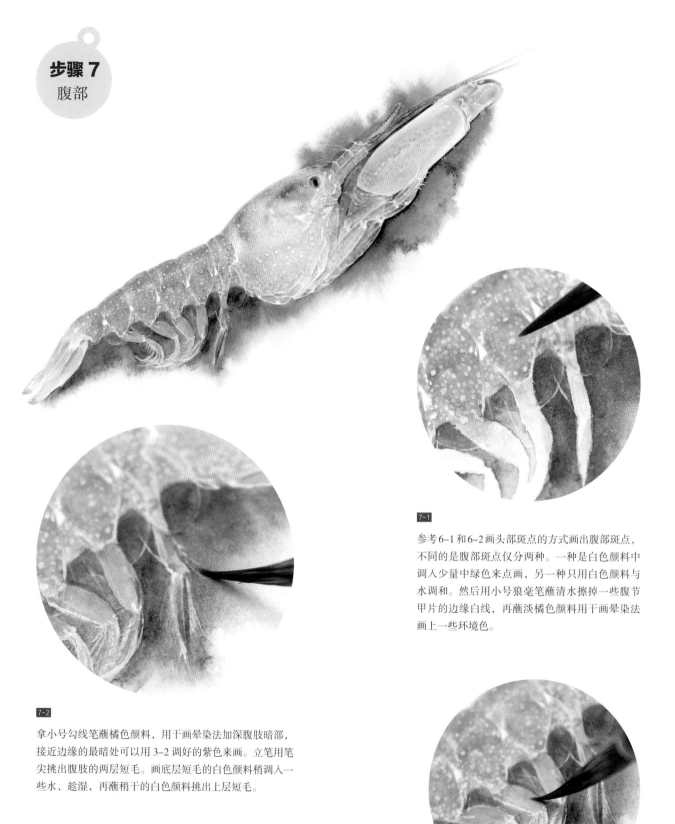

7-1

参考6-1和6-2画头部斑点的方式画出腹部斑点，不同的是腹部斑点仅分两种。一种是白色颜料中调入少量中绿色来点画，另一种只用白色颜料与水调和。然后用小号狼毫笔蘸清水擦掉一些腹节甲片的边缘白线，再蘸淡橘色颜料用干画晕染法画上一些环境色。

7-2

拿小号勾线笔蘸橘色颜料，用干画晕染法加深腹肢暗部，接近边缘的最暗处可以用3-2调好的紫色来画。立笔用笔尖挑出腹肢的两层短毛。画底层短毛的白色颜料稍调入一些水，趁湿，再蘸稍干的白色颜料挑出上层短毛。

7-3

用小号勾线笔蘸普鲁士蓝，以干画晕染法给腹肢亮面上色，趁湿，在腹肢的边缘叠加少量紫色，这会让腹肢看起来透明效果更明显。

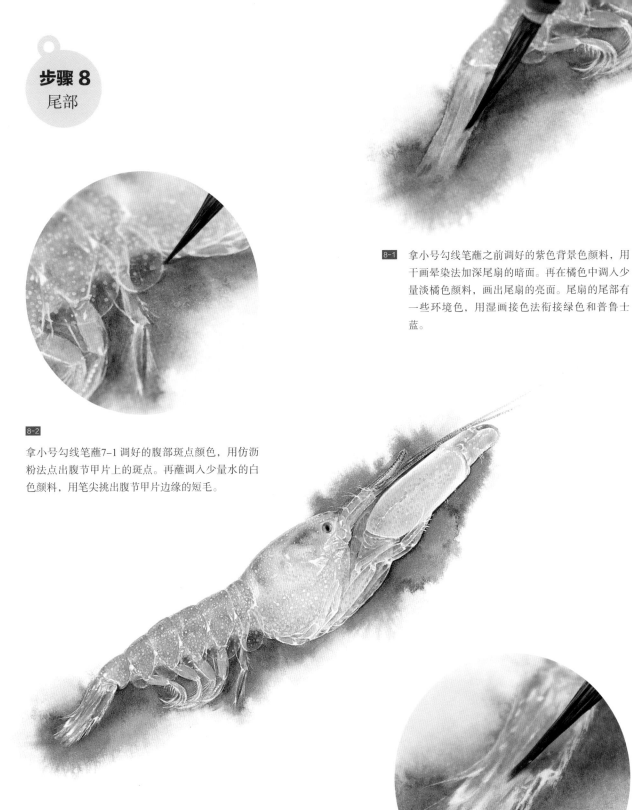

8-1 拿小号勾线笔蘸之前调好的紫色背景色颜料，用干画晕染法加深尾扇的暗面。再在橘色中调入少量淡橘色颜料，画出尾扇的亮面。尾扇的尾部有一些环境色，用湿画接色法衔接绿色和普鲁士蓝。

8-2
拿小号勾线笔蘸7-1调好的腹部斑点颜色，用仿沥粉法点出腹节甲片上的斑点。再蘸调入少量水的白色颜料，用笔尖挑出腹节甲片边缘的短毛。

8-3
白色颜料加入少量水，趁湿，拿小号勾线笔画出尾扇的亮面，再蘸浓一些的白颜料挑出尾扇的高光和短毛。

鼓虾
Pistol shrimp

分类：节肢动物门软甲纲十足目鼓虾科
分布：我国沿海均产
食物：甲壳类和鱼类

眼完全被头胸甲覆盖。第 1 对步足特别强大、钳状，左右不对称，雄性较雌性强大。当鼓虾在热带海洋的浅水觅食，这只大钳子以闪电般的速度合拢时，会发出一声脆响。如果虾群中鼓虾的数量足够多，整个声响听起来就像是干柴燃烧时发出的噼啪声，故称枪虾、嘎巴虾、乐队虾。体背面棕色或褐色。额角尖细而长，约伸至第 1 触角柄第 1 节末端。额角后脊不明显。大螯长，长为宽的 4 倍。掌长为指长的 2 倍左右，掌部内外缘在可动指基部后方各有 1 个极深的缺刻，外缘的背腹面各具 1 枚短刺。小螯细长，长度等于或大于大螯，掌部外缘近可动指基部处背腹面也各具 1 枚刺。尾节背面无纵沟，但具两对较强的活动刺。

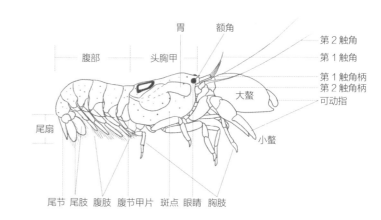

鼓虾靠虾钳的猛烈闭合，产生冲击波，同时产生气泡，冲击波的能量足以击晕或杀死虾钳前方的小鱼、小蟹。

鼓虾的大螯威力强大，"咔哒"一下能够瞬间击晕猎物。

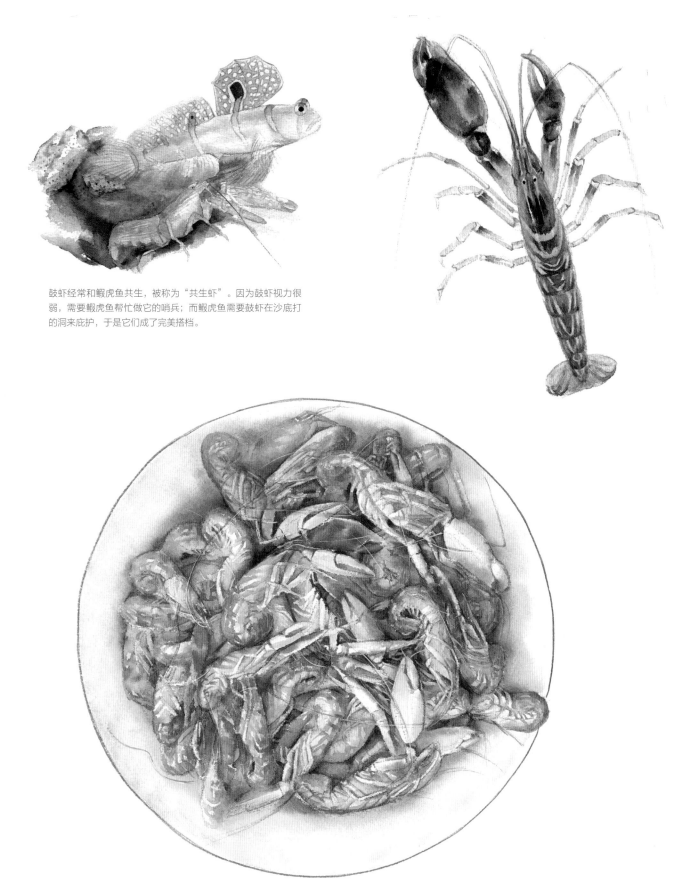

鼓虾经常和鰕虎鱼共生，被称为"共生虾"。因为鼓虾视力很弱，需要鰕虎鱼帮忙做它的哨兵；而鰕虎鱼需要鼓虾在沙底打的洞来庇护，于是它们成了完美搭档。

鲜明鼓虾是我小时候常吃的一种虾，因为大钳子放到嘴里嚼起来"嘎巴嘎巴"响，所以也叫嘎巴虾。

和名鈔云
蝛蛸

柔魚即スルメイカ也狀着色則
現圖上ニ色赤色紫点ノ者亦アリ
各肉骨薄ク骨硝子帋ノゴトニ
風乾スルヲ閣書ニ明伊府トス又蝛蛸
ニ作ル即柔魚ナリ本朝式蠣ノ字
ヲ用ユ延喜ノ神祇民部主計式ニ
若狹丹後隠岐ヨリ烏賊ヲ貢ス
ト云ヲ皆スルメナリ今肥前五島ヨリ
出スモノ最品ナリ伊豆ノ産亦美味也
丹後伊豫ヨリ出スモノ次之古ヨリ
賀慶ノ三方ニ必スルメ昆布ヲ用ユ
今猶然リ又曰長丹ヨリ出ス者大ニメ
風乾ニヤセ足胎肉長サ一尺余其足
常ノスルメヨリ短シ肉厚ウメ其味渋
氣ナクメ甘香味アリ賣買ニ非ス

和名 七巻經云其貌似テ
蚫而大ナ者也
此者海中沙中ニ居ス
魚ノ飼ニ用ユ海中ニ
魚何レモ是ヲ喰ト云
漁父ナゾハ又煮テ菜
トス味烏賊ニ似タリ
トス腹中ニ沙アル故ニ
ユキテ沙ヲサラザレハ
食ヒ難シトス沙ヲサ

元壽又按ル海中ノ蚫蛸也ト屋代魚譜巻ニ出ス
ニハ蚫蛸ト井ハ流メ苗ヲニメブヨミメ又硬ニ水母ニ似タリ始柔魚其卵沙地ニスルトス
魚ニ用ユル者ハゞ沙中ニ産ス漁父煮食ヒ味イカノ如ニトスルヲ
リステ和ルベシ

癸巳十月八日
真寫

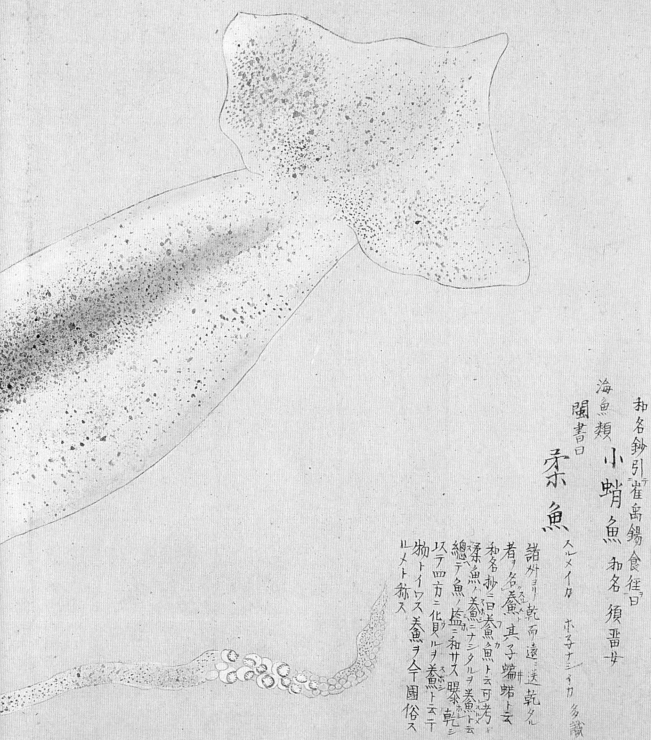

海魚類　小蛸魚　和名須酒女
和名鈔引崔禹錫食経曰
閏書曰
柔魚　ヘルメイカ　ホタルイカ　多識

諸州ヨリ乾テ遠ニ送乾名
者ヲ名養テ其子端蛸トス
和名抄曰柔魚魚トス可考
柔魚ハ養魚ニナシタルヲ養魚トシ
總テ養魚ハ塩ニ和サス曝シ乾シ
トシテ四方ニ化貝ルヲ養魚トニテ
物トイハス養魚ヲ今國俗ス
ルメト称ス

绘画步骤

PAINTING STEPS

1-1

在拷贝纸上起稿，起稿时先从身体中心画一条隐形直线作辅助线，有助于我们把鱿鱼的整个体形画得笔直。

1-2

胴部轮廓线比较简单，注意上面外轮廓线较短且弧度较小，下面轮廓线稍长且弧度略大。胴部略向上翘起，看起来力量感十足。

1-3　参考宝贝步骤 1-3 的拓印方法，将鱿鱼的线稿拓到水彩纸上。

步骤 **1**
起稿

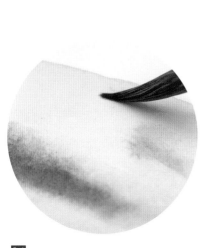

2-1

拿小号狼毫笔蘸清水打湿鱿鱼胴部，趁湿，将深黄色、橘色、天蓝色、普鲁士蓝与紫色相接。

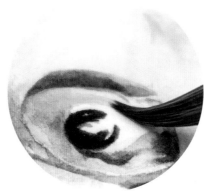

2-2

拿小号狼毫笔用干画接色法，把天蓝色、柠檬黄画在眼睛亮面。用同样的方式蘸普鲁士蓝画出眼睛的暗面，蘸黑色颜料用干画平涂法画出眼睛的瞳孔。洗净笔刷后再蘸橘色勾出瞳孔的环境色。

2-3

拿小号狼毫笔蘸清水打湿鱿鱼的头部和足部，用湿画接色法把柠檬黄和深黄衔接在头部亮面，趁湿，点入少量天蓝色。再用天蓝色、普鲁士蓝、紫色画出头部的暗面和反光，这是一个塑造立体感的初步过程。趁湿，继续用紫色画出足部的每个腕，右上边的两个腕处在暗面，紫色未干时可以点入少量普鲁士蓝来加深颜色。最后用小号狼毫笔将橘色和朱红色相接，画出足部的环境色。

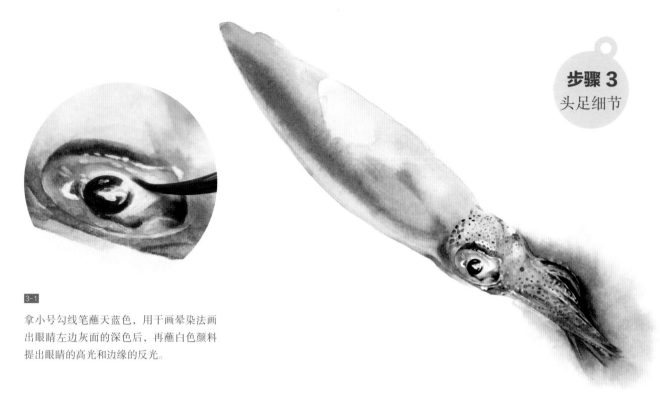

3-1

拿小号勾线笔蘸天蓝色,用干画晕染法画出眼睛左边灰面的深色后,再蘸白色颜料提出眼睛的高光和边缘的反光。

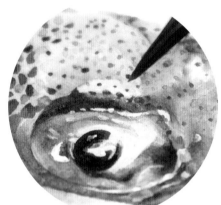

3-2

拿小号勾线笔分别蘸取柠檬黄、黄色、深黄、橘色、朱红色,由浅到深,立笔刻画鱿鱼头部的色素点斑。画色素点斑时,把头部看作一个球体,越接近右上光源部分的点斑明度越高,在颜料中适当调入白色。接近画面上方的点斑要适量加水,以达到弱化边缘的效果。

3-3

用同样的方法画腕的色素点斑。拿小号勾线笔把柠檬黄和紫色衔接,趁湿,在腕的暗面点入普鲁士蓝。分别用珠光紫色、珠光蓝色画出右下几个腕的反光。可以把足部整体看作一个圆柱体,中间的三腕处在亮面,色素点斑颜色略干略浓。其他腕部处在灰面和暗面,色素点斑颜色应略淡。全部画完后,再拿小号狼毫笔蘸清水浸湿足部边缘,在普鲁士蓝中调入少量大红色,画出背景色,运用颜色的深浅做对比,增强鱿鱼的透明效果。最后拿小号勾线笔蘸高光液挑出亮面腕的高光。

步骤 4
胴部细节

4-1

用小号狼毫笔蘸清水浸湿胴部，蘸天蓝色加深暗面。胴部外套膜是有一定厚度的，用湿画接色法依次蘸柠檬黄和黄色画出外套膜厚度，趁湿，加入橘色和朱红色。等干后，再蘸白色颜料画出胴部高光。取小号勾线笔将天蓝色混入白色中，挑出胴尾的鳍线。继续用小号狼毫笔调出黄绿色，画出胴部右上方的灰面，让圆柱体的亮面自然过渡到灰面。

4-2

拿小号勾线笔先点出朱红色的色素点斑，再根据朱红色点斑的位置，分别点出紫色、深黄、柠檬黄以及普鲁士蓝的点斑。还是从亮面开始，到灰面、暗面时，颜料中适量加水，让颜色变浅。

4-3

用小号勾线笔在白色颜料中加入少量的水稀释，以干画晕染法画出底层的高光，再用浓一些的白色颜料点出点状高光。这样画出来的高光有层次，更自然。

步骤 5
光影

5-1

为了营造透明感，可以在鱿鱼的周围适当地晕染一些紫色的投影，形成强烈的明暗对比。

5-2

拿小号勾线笔找齐外套膜边缘线后，在白色颜料中调入少量柠檬黄，挑出边缘的环境色。

5-3

透明物体的反光面积相对较大。用清水打湿反光部位，拿小号狼毫笔蘸珠光蓝色颜料晕染上色。因为珠光色颜料透明度高，覆盖力较低，可以用小号勾线笔混入较干的白色颜料。然后拿小号勾线笔分别蘸取较浓的柠檬黄、黄色、橘色、大红色、紫色、普鲁士蓝画出反光区域的色素点斑，让其与上部色素点斑自然衔接。

鱿鱼
Squid

分类：软体动物门头足纲枪形目枪乌贼科
分布：大西洋、印度洋及太平洋各海域
食物：磷虾、小公鱼、沙丁鱼、鲹等

头部两侧的眼较大，眼眶外有膜。头前和口周有腕 5
对，其中 4 对较短。腕上具 2 行吸盘，左侧第 4 腕茎化，
部分吸盘变形，其中 1 对较长，称"触腕"或"攫腕"，
具穗状柄，触腕穗上有吸盘 4 行。胴部圆锥形，肉鳍
长，端鳍型，分列于胴部两侧中后部，两鳍相接略呈纵
菱形。内壳薄，不发达，包埋于外套膜内，角质，披针
叶形，末端形成中空的"尾锥"。

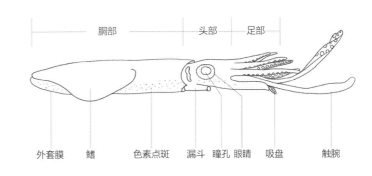

| 胴部 | | 头部 | 足部 |

外套膜　　鳍　　　　色素点斑　　漏斗　瞳孔　眼睛　　吸盘　　　触腕

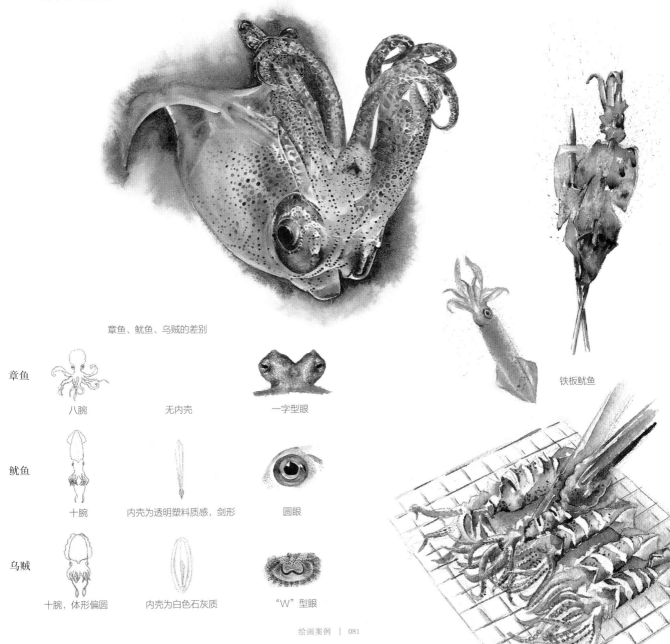

章鱼、鱿鱼、乌贼的差别

章鱼	八腕	无内壳	一字型眼
鱿鱼	十腕	内壳为透明塑料质感，剑形	圆眼
乌贼	十腕，体形偏圆	内壳为白色石灰质	"W"型眼

铁板鱿鱼

天地之生民與生物矢又以材以物形若俟其并利有刀足以逐其本性而托於展施見物不任

受過而造化之心有遺憾矣是以席豹至威無爪牙則困峻焉善行而無蹄羊無犄角則

不能自強而困象徒雍腫其軀無臭以為一身之用則烏啄則毛羽雖能飛而不利於食則

困魚無漏脫則水為之臟無鱗尾則不能自主而困龜鱉黿鼉好靜若為之肯而穴之則

為物擾而困螺蚌蛤蠣之屬資柔脆無堅房以閒藏其身則困蜂無針則無以自衛而困蝶入花叢

以鬚為臭無鬚則芬芳不別而困蟬蜩蟋蟀蠅蚊之屬軀微不能鼓氣不假以翼而助之鳴則困鶩

鴨鷗鷺善入水使濟水之具偶鈌而不生方足則困乃天則皆有以各足其形夫是以物物能順其

性各用其兩長而無所乖忤也蟹中之有撥棹者若是矣撥棹身潤而橫背前有二十尖刺目以下

又有三尖刺四鬚二短爪如足色有青者有紫者皆有大彎文及斑點兩螯甚利螯頸有刺難犯前

二足向前後二足匾濶如撥棹六節連續若活機在閩則呼為蟳而巨甌人呼為蟳蟫其色紫也游

於江中淡水者其色鮮麗呼為江蟹以其多潛江水也漁人必施網罟始得蓋他蟹多穴於沙土

或伏於石壑惟此蟹游泳於江海波濤之中乘水則強失水則斃天特畀以濶足圓機俾嗜水之性

與形相伴一如鶩鴨鷗鷺之方足與不利水之旱禽原異也頋名思義惟此蟹能專撥棹之稱本草

註混以蟛蜞為撥棹豈其益蟛蜞後二足雖潤但能水亦能陸非全以水為性者也若此蟹專

利浮沒故不但後足如撥棹而前二足亦若雙檝在水得勢其行如飛呂譜分別蟛蜞居前撥棹居

次二之也雖不得見其圖形而名斛倫次炳如吾用是信之曰形撥性曰性辨名乃得類推萬物之

形性以明造化之意蘊而為之說

梭子蟹

撥棹贊

墨魚善矴鱟魚善帆
撥棹逐隊隨其往還

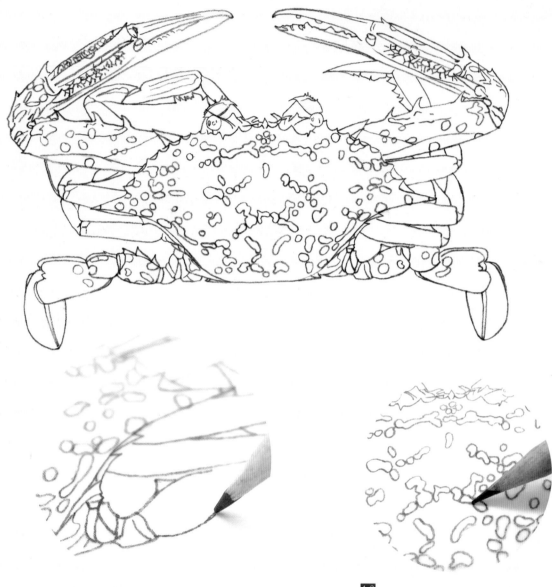

1-1　我们把梭子蟹大体划分为 3 个部分：头胸甲、左足
和右足。因为蟹的外壳是坚硬的，所以轮廓线条比
较直，弧线多是大弧线。头胸甲侧齿和额齿间距是
有变化的，侧齿间距和额齿间距都是由中心向两侧
逐渐变大。

1-2

起稿时要圈出白色斑点和头胸甲云纹，方
便后期涂留白液。

步骤 1
起稿

1-3

参考宝贝步骤 1-3 的拓印方法，
将梭子蟹的线稿拓到水彩纸上。

2-1

给蟹足铺底色，拿小号狼毫笔蘸天蓝色和普鲁士蓝进行湿接，趁湿，在足节处点入少量紫色。

2-2　用小号狼毫笔蘸天蓝色，以干画晕染法加深蟹足的暗部。

2-3

用留白液笔的尖部蘸少量留白液，给头胸甲与步足上的白色云纹涂上留白液。注意笔杆与纸呈垂直角度后下笔。

3-1

用小号狼毫笔蘸清水浸湿头胸甲，趁湿，蘸棕色颜料画头胸甲的中间部位。紧接着将深绿色颜料与少量棕色调和后，沿头胸甲边缘向中间平涂，使其与棕色自然相接。因为头胸甲区域有较多留白胶凸起，铺色的时候用笔要慢，防止颜料飞溅。

3-2

拿小号狼毫笔将深绿色与深黄色调和，给两螯足上色，趁湿，叠加紫色和黄色。再蘸紫色和天蓝色进行湿接，给螯足的可动指和不动指上色。等干后用柠檬黄和橘色画出各足的短毛。

3-3

拿小号勾线笔在紫色中调入少量群青色，勾出螯足突刺的暗面。再拿小号狼毫笔在深绿色中调入少量橘色，加深螯足颜色，趁湿，点入少量紫色，让其自然融合。

步骤 3
头足底色

4-1

拿小号狼毫笔分别蘸柠檬黄、中绿色、天蓝色，用干画晕染法给每个蟹足上色。上色是一个塑形过程，要根据明暗关系，从亮面到暗面逐步上色。可以简单地把它们看成一个圆柱体，光从正上方射入。那么，每一个足节的亮面都在中间，由中间向两边逐渐加深颜色。

4-2

拿小号狼毫笔分别蘸取大红色和紫色勾出螯足的网状纹理，注意这些纹理越接近亮面颜色会越淡，颜料中要适当加水。再在绿色颜料中调入少量深黄色平涂螯足掌节和可动指，趁湿，在暗面叠上朱红色。

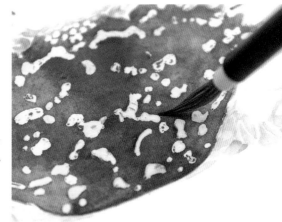

步骤 4
立体感

4-3

拿小号狼毫笔饱蘸深褐色加深头胸甲颜色，再用画头胸甲的绿色和深褐色颜料画出前额和眼睛。

步骤 5
左足

5-1 拿小号狼毫笔蘸朱红色，用湿画单色法画出第1、2、3步足的环境色，趁湿，加入土黄色。再拿小号狼毫笔蘸朱红色加深足部短毛颜色。最后拿小号勾线笔蘸白色颜料挑出第1、2、3步足的高光。

5-2 用小号勾线笔蘸普鲁士蓝加深左侧4个步足暗面。再在黄色中调入少量绿色画出螯足的绿色区域。注意，左足之间的叠压关系会使得光线有明暗变化，被压区域颜色应稍深一些。然后蘸白色颜料挑出第4步足的高光。

5-3 等干透后，用橡皮轻轻地搓掉留白胶。拿小号狼毫笔在深绿色中调入少量黄色，与绿色用湿画接色法加深螯足颜色。再在螯足的长节、腕节和掌节上叠加土黄色、朱红色、紫色、普鲁士蓝。拿小号勾线笔在紫色中调入普鲁士蓝，画每一个突刺的暗部。为了让螯足表面看起来有水润质感，可以画两层高光。先拿小号勾线笔蘸白色颜料，用干画晕染法画出底层高光，再蘸很浓的白色颜料挑上高光点。

6-1

用画左边步足的方式加深右边 4 个步足颜色。注意画第 1、2、3 步足根部环境色的时候，要先等蓝色底色完全干透后再上色，否则颜色会脏。

6-2

高光还是要用小号勾线笔分层刻画，这样会更生动自然。

步骤 6
右足

6-3

参考 5-3 的方法画右螯。因为螯足表面具有粗糙的颗粒，所以画高光的时候也要点出粗糙颗粒的亮面。

7-1

撕掉头胸甲的留白胶，头胸甲的表面呈圆弧形。拿小号狼毫笔用干画晕染法将两侧受光部加入少量土黄色。再在深绿色颜料中调入少量普鲁士蓝，用同样的方式加深头胸甲两边暗部颜色。然后调和深褐色与大红色，加深头胸甲中部的颜色。

7-2　头胸甲表面带有弧度，所以每一个云纹也都有细微的明暗变化。拿小号勾线笔蘸土黄色和绿色用湿画叠色法画出云纹暗面。再用仿沥粉法点出土黄色斑点，到暗面的时候适量调入少量绿色，使斑点自然贴合甲表。然后深入刻画眼睛及前额，眼睛水润的感觉是由两层高光、极重的暗面和夸张的反光营造出来的。先拿小号勾线笔在深绿色中调入少量黑色，画眼睛的暗面，再蘸柠檬黄勾勒出反光，最后画出眼睛的高光。

7-3

刻画头胸甲两侧的齿，可以先从暗面入手。拿小号勾线笔调绿色与普鲁士蓝画出齿的暗面，再用淡淡的土黄色和棕色画出齿的环境色。最后利用白色高光和黄绿色反光增强齿的立体感。齿的周围有一些粗糙的颗粒，这些颗粒由暗面、亮面和高光三部分组成。先点出深绿色圆点作为暗面，在偏上一点的位置叠加土黄色圆点作为亮面，待颜色完全干后，点出白色高光。

梭子蟹
Swimming crab

分类：节肢动物门软甲纲十足目梭子蟹科
分布：太平洋、大西洋和印度洋
食物：杂食性

头胸甲很宽而短，额缘具2—6齿（一般4齿），前侧缘斜拱形，长于后侧缘，通常有9齿，末齿一般很长。略呈梭形，故称梭子蟹。螯足长大，棱柱状，两指具齿，末对步足扁平呈桨状，适于游泳和掘沙。通常栖于有泥沙的海底，有昼伏夜出的习性。大型可供食用的主要有：三疣梭子蟹（蓝蟹）、远海梭子蟹、红星梭子蟹。

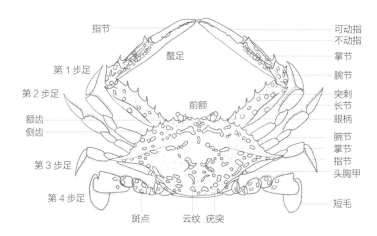

指节　可动指　不动指　螯足　掌节　腕节　第1步足　第2步足　前额　突刺　长节　眼柄　额齿　侧齿　腕节　掌节　指节　头胸甲　第3步足　第4步足　短毛　斑点　云纹　疣突

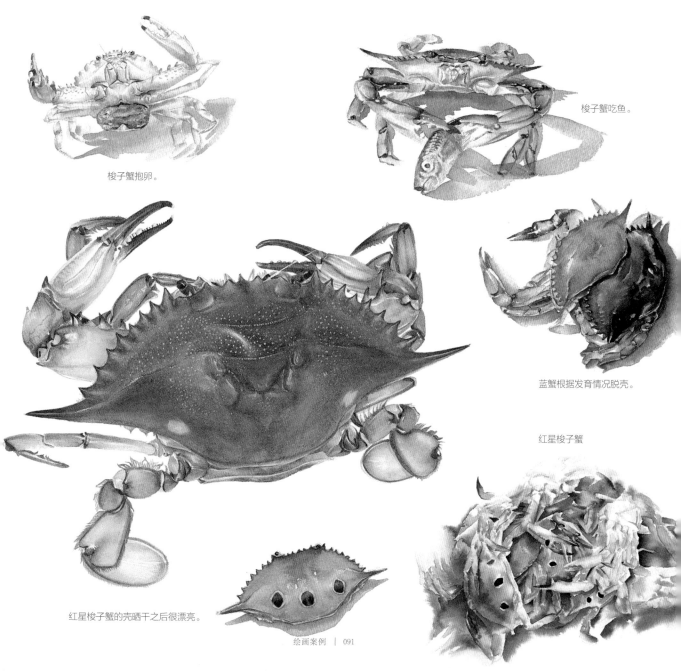

梭子蟹抱卵。

梭子蟹吃鱼。

蓝蟹根据发育情况脱壳。

红星梭子蟹

红星梭子蟹的壳晒干之后很漂亮。

體常黑矣鮮烹性寒不宜人醃乾吳人
稱為蝛蛸味如鰇魚愚謂然則本草所
云益氣壯志非指鮮物也必指蝛蛸乾
也漠逸是之復曰海外更有一種大者
重數觔背有花紋剖而乾之名曰花脂
其味香美更勝烏賊予恨不及見不後
再為圖論也考額書云烏賊之形似囊
傳為秦始皇所遺算袋於海而糜合之
荷包蛇而觀之真令人想易象於括囊
也予訪之海上見墨魚生子纍纍如貫
珠而皆黑奇之又見有小烏賊其形如
指並圖之以糸論陶隱居鶏鳥所化之
說以見化生之中又有卵生也

墨魚贊
一肚好墨真大國香
可惜無用送海龍王

乌贼

小墨魚
名墨斗

此墨魚之嘴
堅黑如鳥啄
縮于𩬊肉內不
可見

此墨魚背骨即
海螵蛸是也

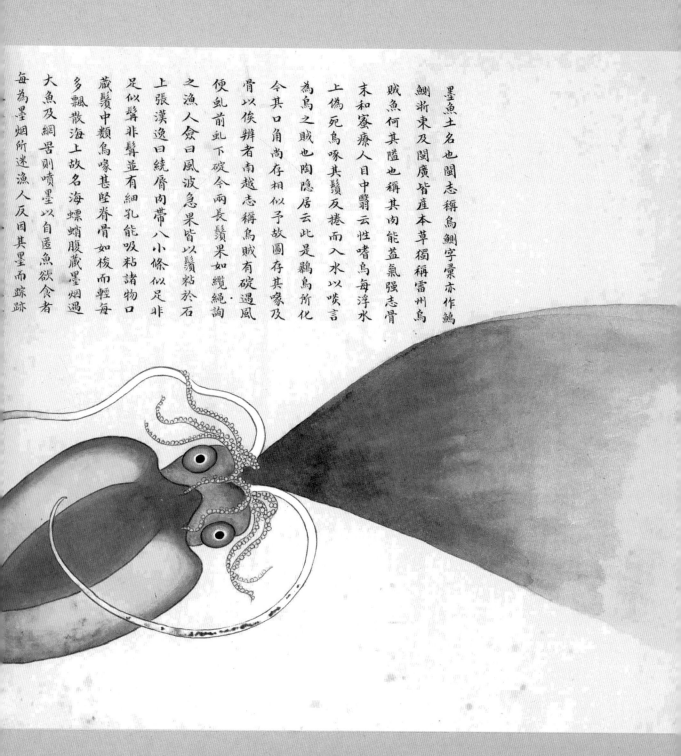

墨魚土名也閩志稱烏鰂字彙亦作鱡
鰂浙東及閩廣皆產本草獨稱雷州烏
賊魚何其隘也稱其肉能益氣強志骨
末和蜜療人目中翳云性嗜烏每浮水
上偽死烏啄其鬚反捲而入水以啖言
為烏之賊也陶隱居云此是鸜烏所化
今其口角尚存相似予故圖存其像及
骨以俟辨者南越志稱烏賊有碇遇風
便虬前虬下碇今兩長鬚果如纜繩詢
之漁人僉曰風波急果皆以鬚粘於石
上張漢逸曰繞骨肉帶八小條似足非
足似鬢非鬢並有細孔能吸粘諸物口
藏鬚中類烏喙甚堅脊骨如核而輕每
多飄散海上故名海螵蛸腹藏墨烟遇
大魚及網罟則噴墨以自匿魚欲食者
每為墨烟所迷漁人反因其墨而蹤跡

绘画步骤
PAINTING STEPS

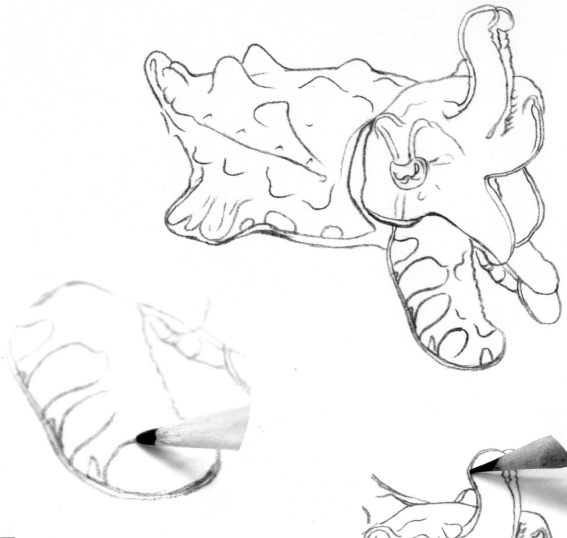

`1-1`
在拷贝纸上用铅笔起稿。乌贼的体表是由具有透明度的外套膜包裹的,起稿时注意胴部、头部和腕的轮廓线基本都是两层的。

`1-2` 乌贼前足向上抬起,轮廓线上圆下直,这样看起来更有张力。腕臂自然向下垂落,尖端的轮廓线要圆滑,且上面的斑纹轮廓线要有向下伸展的弧度,这样就能在无形中显出腕臂的厚度。

`1-3`
参考宝贝步骤 1-3 的拓印方法,将乌贼的线稿拓到水彩纸上。

步骤 1
起稿

2-1

乌贼的光源来自右上方，正对我们的大部分区域都处在暗面中，只有胴部的上面和腕的右侧处于亮面区域。拿小号狼毫笔蘸清水将整个乌贼打湿，调和黄色与深黄色，画出胴部、头部和腕的暗面。趁湿，叠加柠檬黄与橘色，画出鳍和腕的外侧。

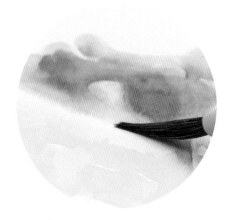

2-2

趁湿，在背部湿接黄色和紫红色。

2-3

用同样的方法画出足部每个腕的内侧。腕上的玫红色浓淡差异大，画深色区域可以在底色未干时，点上浓浓的玫红色，让其自然晕开。

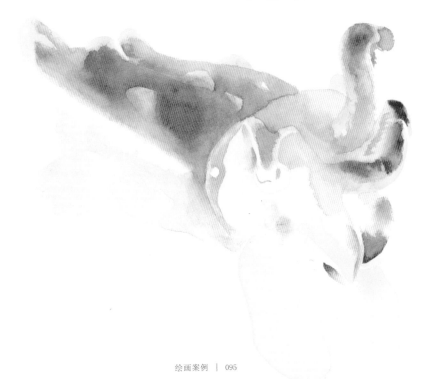

步骤 2
铺底色

3-1
拿小号狼毫笔在浓厚的深褐色中调入一点紫色，用干画晕染法画出腕臂、背部、腹部的斑纹。

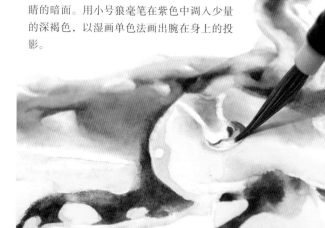

3-3 拿小号勾线笔蘸深褐色用干画晕染法画出眼睛的暗面。用小号狼毫笔在紫色中调入少量的深褐色，以湿画单色法画出腕在身上的投影。

3-2
火焰乌贼的外套膜体表是透明的，但透明的生物并不是无色的，而是会反射出周边的环境色。拿小号狼毫笔蘸清水打湿外套膜的透明边缘部位，水分快干时用小号勾线笔沿着外边缘线向内分别点上天蓝色、紫色和黄色。拿小号勾线笔蘸白色颜料，画出背侧外套膜边缘线。

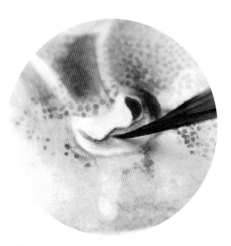

4-1

用小号勾线笔蘸深褐色加深眼睛暗部。之后用
淡淡的天蓝色画出眼睛的环境色。颜色干后，
拿小号勾线笔蘸白色颜料，用干画晕染法画出
眼睛的高光。

4-2

用 3-1 调好的画斑纹的颜色细化乌贼胴部、腕臂的深色
色素点斑。

4-3

用打点的方式，细化头部与腕的色素点斑。根据
受光不同，接近亮面的色素点斑会变得倾向橘
色，接近暗面的色素点斑会倾向大红色或紫色，
要适当地调整颜色。

步骤 4
头部

5-1

用同样的方法画出背部的色素点斑。颜色依然要根据明暗变化来加深或者减淡，靠近画面上方的颜色适量加水，做到近实远虚。接着拿小号勾线笔分别蘸黄色、紫色、天蓝色，用湿画接色法画出背鳍外套膜边缘厚度，画暗部时，颜色饱和度要降低。

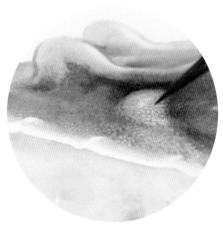

5-3

用小号勾线笔蘸深褐色加深暗面边缘线，蘸深黄色以干画晕染法画出每一个鳍的暗面来塑造背侧突鳍的体积感。颜色干后，用小号勾线笔蘸白色挑出侧鳍高光。

5-2

拿小号勾线笔用干画晕染法画出背部的白色反光，颜色未干时点出反光里的天蓝色与紫色的环境色，并画出背侧外套膜边缘线的高光。

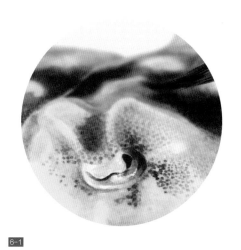

6-1

用 3-1 画腕臂斑纹的颜色加深头部和足部暗面。

6-2

拿小号勾线笔蘸棕色颜料，用打点的方式画出腕背光区域的褶皱。用小号勾线笔蘸浓浓的白色提出腕受光面高光。

6-3

拿小号勾线笔分别蘸玫红色、紫色、天蓝色、柠檬黄，用湿画接色法画出头部和足部的外套膜边缘线。

步骤 6
细节刻画

乌贼
Cuttlefish

分类：软体动物门头足纲乌贼目乌贼科
分布：大西洋、印度洋和太平洋各浅海区
食物：肉食性，捕食虾、蟹、毛颚动物和幼鱼等

俗称墨鱼。体左右对称，分头、足和胴部，头两侧眼甚大，眼眶外有膜。头前和口周具腕10只，其中4对较短，腕上具4行吸盘。雄体左侧第4腕茎化成为生殖腕，另1对腕甚长，称"触腕"或"攫腕"，有穗状柄，穗上的吸盘4—20行。胴部盾形，狭窄的肉鳍几乎包被胴部全缘，仅在后端分离。内壳厚、发达，石灰质、椭圆形，通称乌贼骨或海螵蛸。内壳的后端多具骨针，有的种类后端不具骨针。不具发光器。墨囊发达。行动灵活，但速度不快。

乌贼的石灰质内壳，白色不透明。

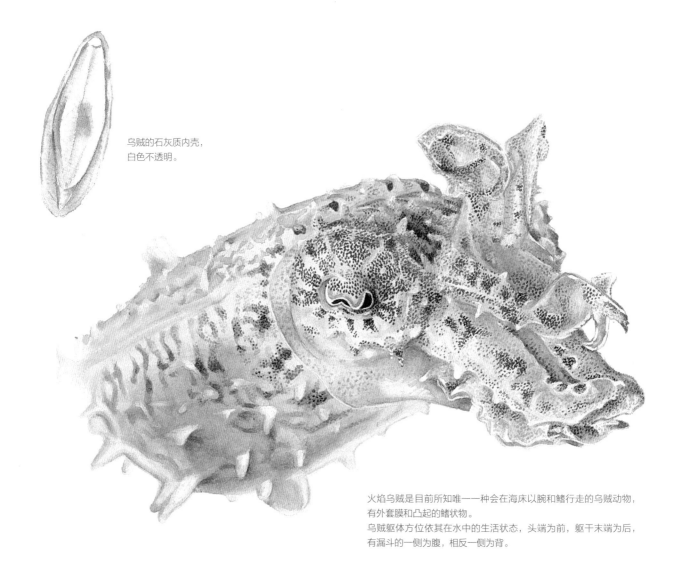

火焰乌贼是目前所知唯一一种会在海床以腕和鳍行走的乌贼动物，有外套膜和凸起的鳍状物。
乌贼躯体方位依其在水中的生活状态，头端为前，躯干末端为后，有漏斗的一侧为腹，相反一侧为背。

乌贼的卵。

乌贼捕虾。

常见花枝墨鱼。

火焰乌贼用腕和鳍行走。

隐身术

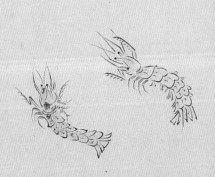

觀其狀信然

琴蝦贊

海蝦名琴三弄水濱

遊魚出聽人不知音

白蝦鬚不甚長兩鉗如槌每隨潮而來

喜遊海港淡水謂之鹹淡水蝦海人

乾之售於閩之山鄉茗椀中投二枚作

茶果鬚挺於上客取以啖

白蝦贊

胃濫緋衣昌若白身

雖混水族居然山人

虾蛄

天蝦產廣東海上狀如蝦而有翅常飛于天入海則盡為蝦或為黃魚所食

亦稱黃魚虫海人捕其未變者炙食之甚美

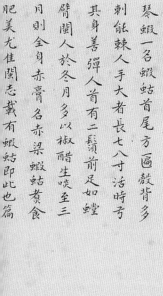

琴蝦一名蝦蛄首尾方圓殼背多

刺能辣人手大者長七八寸活時弓

其身善彈人首有二鬚頭前足如螳

臂閩人於冬月多以椒醋生啖至三

月則全身赤膏名赤梁蝦蛄煑食

肥美尤佳閩志載有蝦蛄即此也篇

天蝦贊

蝦不在水乃遊于天

居然羽化虫中之仙

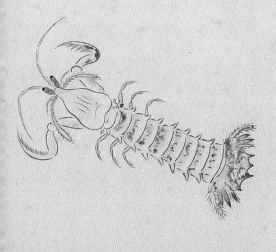

步骤 1
起稿

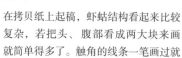

1-1

在拷贝纸上起稿，虾蛄结构看起来比较
复杂，若把头、腹部看成两大块来画
就简单得多了。触角的线条一笔画过就
可以，看起来比较自然。

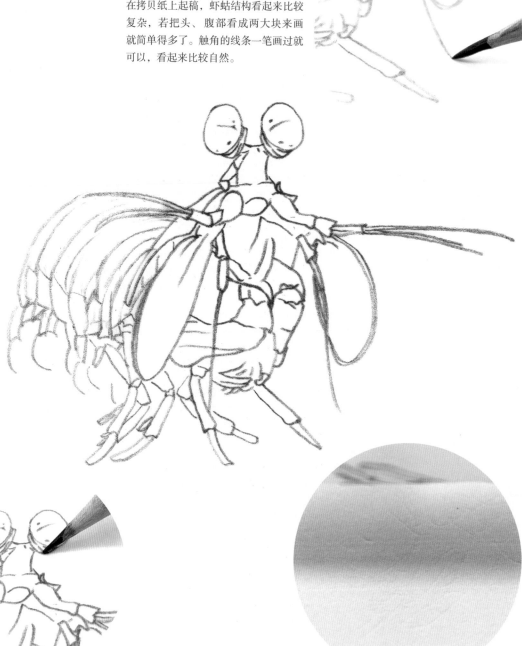

1-2

虾蛄的身体呈警戒状态，头、肢的线条都是向两边
扩散的。两眼之间上方间距近，下方间距远，给人
一种呆萌的感觉。

1-3

参考宝贝步骤1-3的拓印方法，将虾蛄的线稿拓到
水彩纸上。

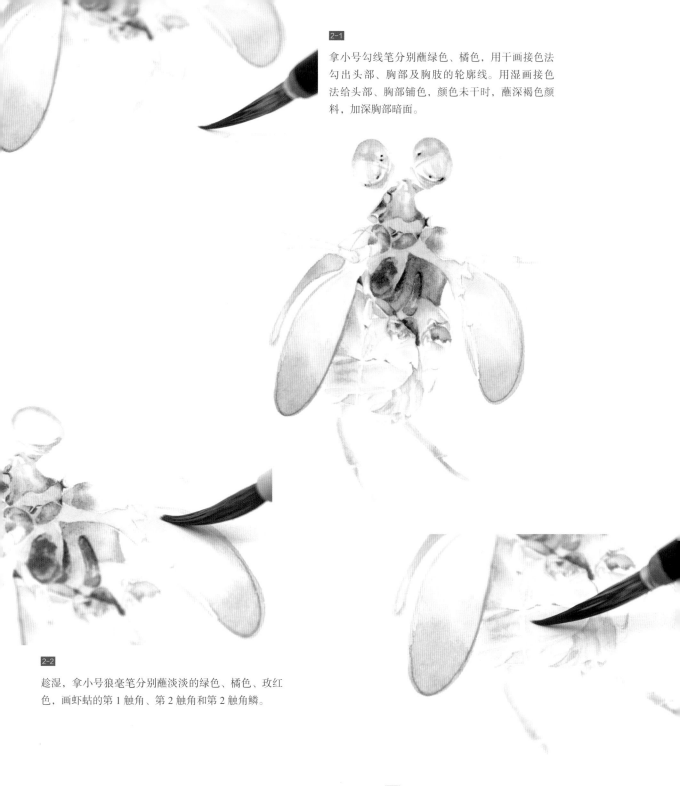

2-1
拿小号勾线笔分别蘸绿色、橘色，用干画接色法
勾出头部、胸部及胸肢的轮廓线。用湿画接色
法给头部、胸部铺色，颜色未干时，蘸深褐色颜
料，加深胸部暗面。

2-2
趁湿，拿小号狼毫笔分别蘸淡淡的绿色、橘色、玫红
色，画虾蛄的第1触角、第2触角和第2触角鳞。

2-3
虾蛄的掠肢处于受光面，颜色要淡而薄。拿小号勾
线笔分别蘸淡淡的绿色和橘色，用湿画接色法由
浅到深一遍一遍上色。颜色未干时，再蘸深褐色颜
料，点在暗面最深处。在绿色中调入少量橘色颜
料，与中绿色一起，用湿画接色法给前面胸肢铺
色，铺色的时候要留出边缘反光。颜色干后，蘸深
黄色，用干画晕染法画胸肢的短毛。

步骤2
头胸底色

步骤 3
腹部底色

3-1

拿小号狼毫笔在中绿色中调入少量天蓝色，用湿画单色法画出每个腹节亮面。再在柠檬黄中调入少量绿色，用湿画单色法画出腹肢亮面。然后拿小号勾线笔蘸淡淡的橘色颜料，用干画晕染法画出腹节和腹肢的轮廓线。

3-2

用小号狼毫笔再次调和中绿色与天蓝色，用湿画单色法画出腹部的固有色。

3-3

趁湿，拿小号狼毫笔在橘色中调入少量棕色，画在两腹节之间的转折面上，再蘸深褐色加深转折轮廓线。

4-1

拿小号勾线笔，分别蘸橘色、绿色、朱红色、深褐色，由浅到深用干画晕染法刻画头、胸的细节。颜色干后，再拿小号勾线笔蘸白色颜料挑出各部高光。眼睛的反光要夸张，这样能够让眼睛看起来更亮。

4-2

拿小号勾线笔继续用2-3画掠肢的颜色加深其暗部。画亮部的时候颜色要淡，在颜料中适当加水。每上完一遍颜色就要把画面推远整体观察，以免颜色过深。

4-3

拿小号勾线笔在白色中调入天蓝色和翠绿色，点在第2触角鳞背光处。再拿小号勾线笔在触角鳞受光处点一些白点，越接近高光处白色要越浓。这样是为了让触角鳞看起来亮晶晶的。

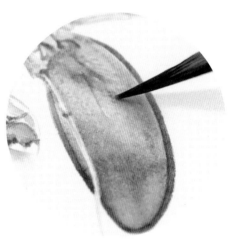

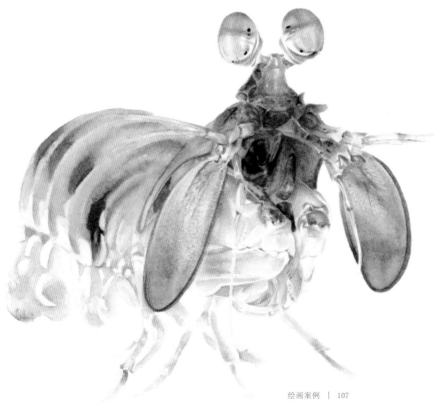

步骤 4
头胸细节

5-1
拿小号勾线笔分别蘸中绿色、柠檬黄、深褐
色，用湿画叠色法加深胸肢颜色。再用小号
狼毫笔蘸清水将边缘颜料擦掉，达到虚化的
效果，与前面的掠肢形成虚实对比。

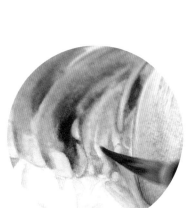

5-2
拿小号勾线笔分别蘸中绿色、天蓝
色，用湿画叠色法加深腹节颜色。趁
湿，再在橘色颜料中调入少量棕色颜
料，画出腹节转折面。然后在白色颜
料中调入少量中绿色和天蓝色，画出
腹节高光。

步骤5
腹部细节

5-3
拿小号勾线笔分别蘸柠檬黄、紫红色、橘
色、中绿色，用湿画接色法画出后面的腹
肢。因为它们处在虚景中，轮廓线也要用笔
蘸清水弱化。

虾蛄
Mantis shrimp

分类：节肢动物门甲壳纲口足目虾蛄科
分布：热带和亚热带，少数见于温带，中国沿海均有
食物：肉食性，捕食甲壳类、小型鱼类、软体动物或其他小型无脊椎动物

头胸甲前缘中央有1片能活动的梯形额角板，其前方有能活动的眼节和触角节。腹部宽大、共6节，最后另有宽而短的尾节，其背面有中央脊，后缘具强棘。口器、大颚十分坚硬，分为臼齿部和切齿部，都有齿状突起，能切断和磨碎食物。雄性第3步足基部内侧有1对细长的交接棒。腹部前5腹节各有1对腹肢，由柄节和扁叶状的内外肢构成，有游泳和呼吸的功能。鳃生在外肢的基部，有许多分枝的鳃丝。每一腹肢的内肢内侧有1个小内附肢，与相应另一侧的小内附肢相互连接，使1对腹肢联成整体，便于游泳。尾肢与尾节构成尾扇，除具有游泳功能外，可用以掘穴和御敌。

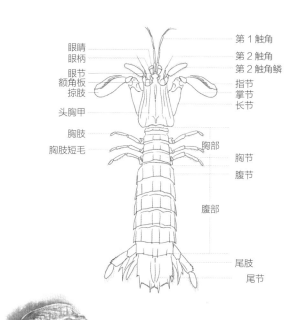

眼睛　眼柄　眼节　额角板　掠肢　头胸甲　胸肢　胸肢短毛
第1触角　第2触角　第2触角鳞　指节　掌节　长节　胸部　胸节　腹节　腹部　尾肢　尾节

有些虾蛄掠肢强大具有锋利的尖刺

虾蛄尾

穴居在泥沙下的虾蛄

虾蛄抱卵

虾蛄吃蚬子

鯊魚 ハゼ

沙溝魚 俗名
沙鱸 鮀魚 雅ニ示ス
沙吹 郭璞

和俗呼ノ川波世。海波世ト
其蓄ヲイサゝ卜云三月四胃
ヨリ河ニ入ルト影シ大和本
草�魚ヲ別ニ錄ス則
鯊魚ノ子也

壬辰園六頁
十一日貞寫

鰕虎魚

河魚類
蝦虎魚（ハゼ）産物志
彙苑詳註

海魚類
多識編出
丹魚 アカウラ
　　俗ナマリテ云
王氏彙苑ニ出ス アカウ
緋魚 モイヲ庇言
其色如緋有二種紅魚一種
歸魚近緋是赤魚欸

壬辰閏十二月十有
八日真寫

步骤 1
起稿

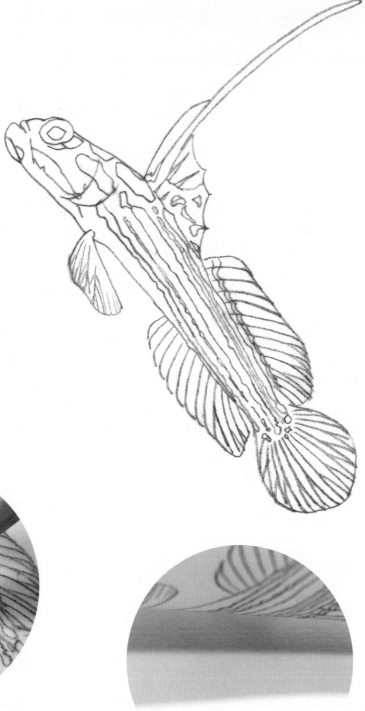

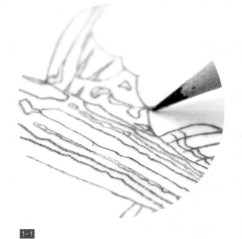

1-1

在拷贝纸上起稿，鰕虎鱼整体头宽尾窄。画鳍
的时候注意鳍棘之间的平行关系。

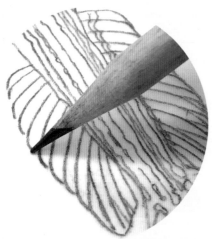

1-2

体表红色纵纹会根据身体的宽窄而变化，身体宽的
地方纵纹也宽，身体窄的地方纵纹也会变窄。

1-3 参考宝贝步骤 1-3 的拓印方法，将鰕虎鱼的线
稿拓到水彩纸上。

2-1

先拿小号狼毫笔分别蘸深黄色、朱红色，用湿画叠色法画出眼睛，等干后，画出黑色瞳仁。再拿小号勾线笔分别蘸深黄色、橘色、朱红色、深褐色，用湿画叠色法画出体表所有红色纵纹。注意上色的时候要留出胸鳍的鳍棘。

2-2

用小号狼毫笔分别蘸深黄色、橘色、深褐色画出第 1 背鳍的斑。

2-3

背鳍、臀鳍、尾鳍的鳍棘是用小号勾线笔在黄色颜料中调入一点橘色来勾线完成。画线的时候要竖直拿笔，这样画的线有力量感。

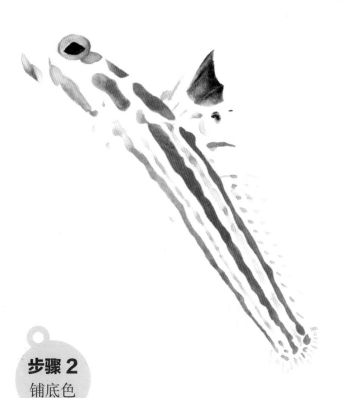

步骤 2
铺底色

3-1
拿小号勾线笔用湿画单色法，在第1背鳍的暗面画上天蓝色，最暗的部位调入少量普鲁士蓝。

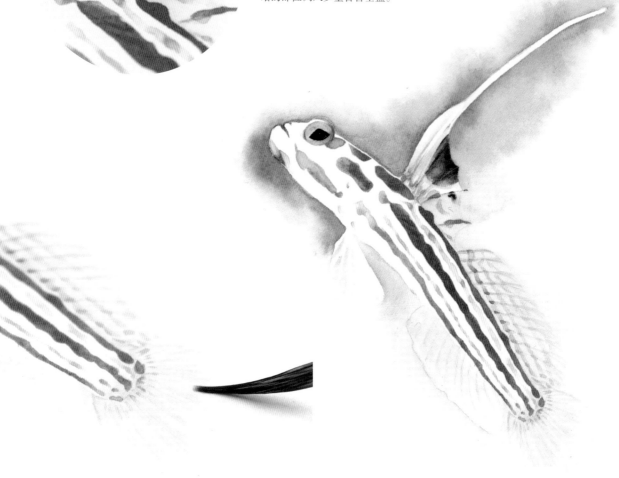

3-2 拿小号勾线笔用干画晕染法，在背鳍、臀鳍、尾鳍的暗部画上淡淡的天蓝色。

3-3 拿小号狼毫笔蘸清水将鱼身体以外的部分打湿后，分别蘸天蓝色、普鲁士蓝，用湿画叠色法画出背景。这个背景色的主要作用是衬托出鱼的透明感，所以在第1背鳍和腹鳍边缘的背景色可以加深一些，局部点入少量橘色使颜色更加丰富。

4-1

拿小号勾线笔在天蓝色中调入少量普鲁士蓝，用干画晕染法加深腹鳍颜色，让其与背景色相融。再拿小号勾线笔用白色挑出一些鳍棘。

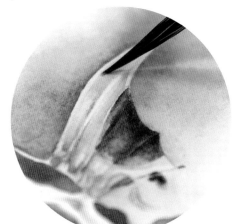

4-2

用同样的方法画第1背鳍，注意留出高光。

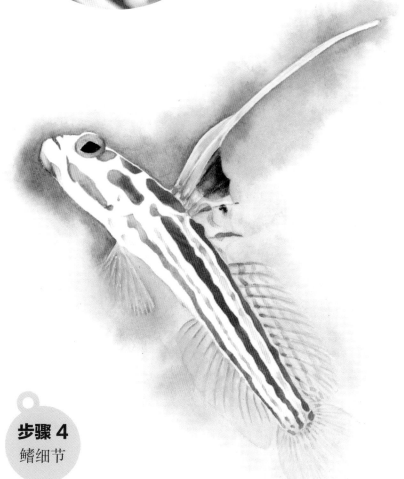

4-3

用小号勾线笔蘸淡淡的普鲁士蓝勾出背鳍、臀鳍、尾鳍的鳍棘暗面。颜色干后，再用少量的白色挑出鳍棘的高光。

步骤 4
鳍细节

5-1

为使鱼变得更加圆润立体，拿小号勾线笔蘸淡淡的普鲁士蓝，用干画晕染法画身体两侧和尾部，再蘸淡淡的橘色颜料画出边缘环境色。

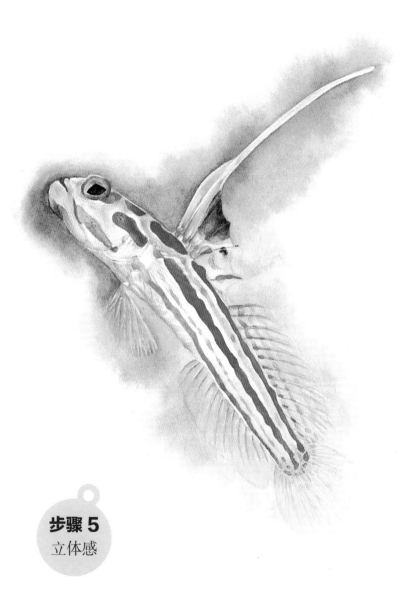

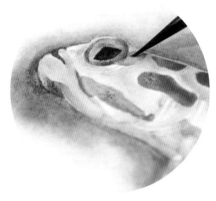

5-2　体表红色纵纹会因形体的起伏而深浅不一。拿小号勾线笔分别蘸橘色、朱红色、深褐色，加深纵纹每一个小转折的暗面。

步骤5
立体感

5-3

拿小号勾线笔蘸橘色轻挑出胸鳍的鳍棘后，再蘸白色颜料提出鱼眼睛和腮部的高光。

鰕虎鱼
Goby fish

分类：脊索动物门硬骨鱼纲鲈形目鰕虎鱼科
分布：除极地以外的海水和淡水水域
食物：摄食虾、蟹等甲壳类，小型鱼类，蛤类幼体，有栖硅藻，生活在淡水的种类也食水生昆虫和蠕虫

体卵圆形、长形或鳗形，侧扁。头侧扁或平扁。眼背面，无游离下眼睑。口大，两颌等长或下颌及夹颌牙多行，有时平直或弯曲，腭骨常无牙。前鳃具细锯齿，鳃盖上方有时具凹陷。体被栉鳞或圆或完全无鳞。无侧线。背鳍2个或1个，臀鳍常相对；背鳍、臀鳍有时与尾鳍相连；胸鳍或肌肉不发达，不呈臂状；左右腹鳍愈合成一入；尾鳍圆形、尖长或内凹。栖息于近岸岩礁的浅海区，也有些栖息于河口咸淡水

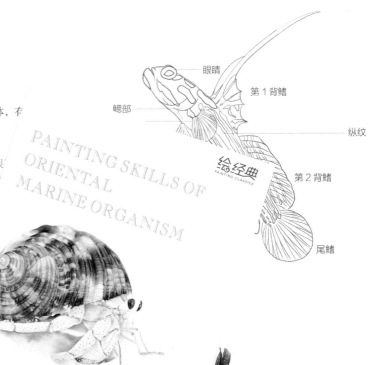

PAINTING SKILLS OF ORIENTAL MARINE ORGANISM

眼睛
第1背鳍
鳃部
纵纹
绘经典
PAINTING CLASSICS
第2背鳍
尾鳍

它们利用胸鳍和尾柄支撑身体爬行，爬过的路会留下痕迹。

雄性鰕虎鱼为了吸引雌性的注意，在滩涂上跳来跳去，所以也叫"跳跳鱼"。

鰕虎鱼

东方海错绘
海洋生物水彩手绘图鉴
李李 著

大鰕虎鱼在泥

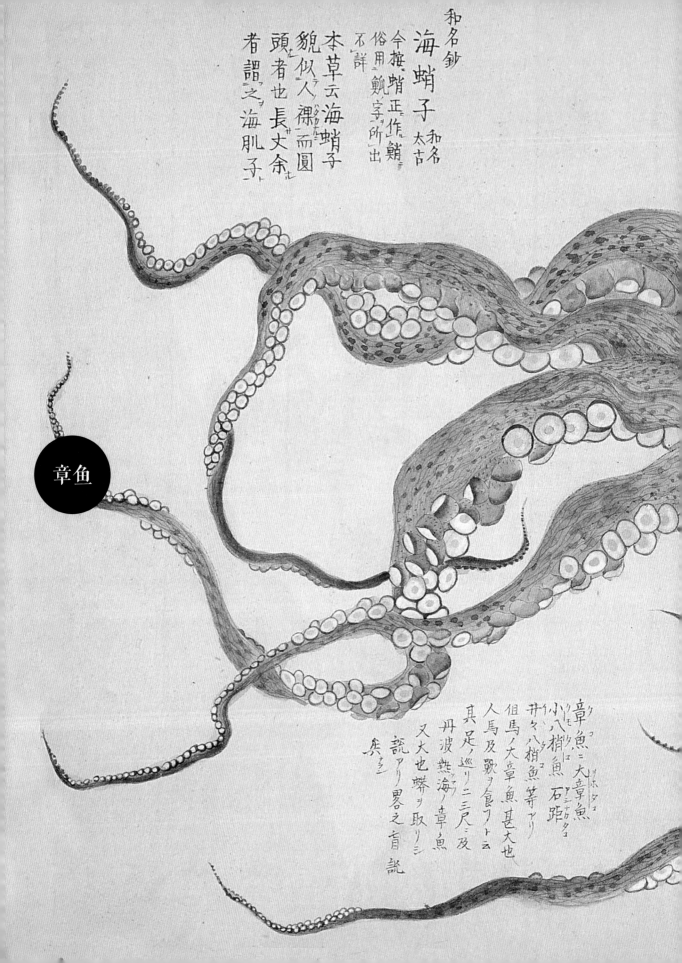

和名鈔
海蛸子 和名
今按蛸正作鮹
俗用鮹字所出
不詳
本草云海蛸子
貌似人裸而圓
頭者也 長丈餘
者謂之海肌子

章魚

章魚ニ大章魚
小八梢魚 石距
丗々八梢魚等アリ
但馬ノ大章魚甚大也
人馬及敢ヲ食フトニ
其足ノ巡リニ三尺ニ及
丹波熱海ノ章魚
又大也縶リ取リシ
說アリ合之旨說
廣三

海魚類
本草曰
章魚 タコ

臨海志
𩵋魚 タコ

章擧 タコ

癸巳十月十二日 眞寫

步骤 1
起稿

1-1

拿铅笔在拷贝纸上起稿，起稿时要勾出章鱼每一个吸盘的轮廓线。

1-2

章鱼腕可以分为 3 部分：1 条向左伸展，3 条处在中间，4 条靠右。重点勾画向左前伸展的 1 条腕和最右方的 1 条腕，较短的弧线相连能够表现出腕部的力量感，较长的弧线又会给人带来柔软感。

1-3

参考宝贝步骤 1-3 的拓印方法，将章鱼的线稿拓到水彩纸上。

2-1

先拿小号勾线笔分别蘸柠檬黄、深黄色、朱红色、棕色、天蓝色、普鲁士蓝，用湿画叠色法画眼睛，注意留出高光。等干后，再拿小号勾线笔蘸朱红色画瞳仁，趁湿，蘸黑色颜料画瞳仁暗面。

2-2 用清水打湿章鱼身体，拿小号狼毫笔蘸普鲁士蓝沿着轮廓线给胴部外套膜上色。

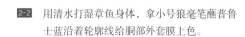

2-3 趁湿，拿小号狼毫笔蘸紫色，沿着头、足轮廓线铺色。

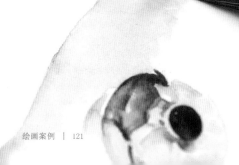

步骤3
头部底色

3-1　拿小号勾线笔在柠檬黄中调入少量深黄色颜料，竖直拿笔画出头部和胴部色素点斑。

3-2　拿小号勾线笔分别蘸朱红色、大红色和紫色画头部。

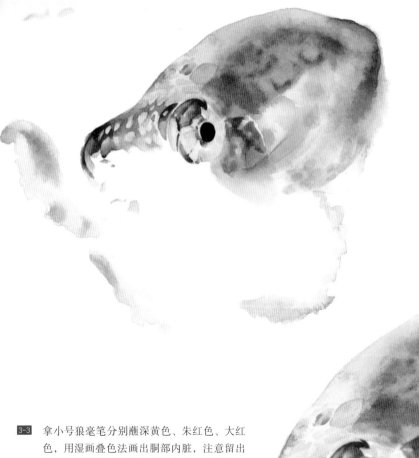

3-3　拿小号狼毫笔分别蘸深黄色、朱红色、大红色，用湿画叠色法画出胴部内脏，注意留出亮面。再拿小号狼毫笔在紫色中调入普鲁士蓝，用干画晕染法加深胴部后方颜色。

4-1

拿小号勾线笔在紫色中调入一点普鲁士蓝，画出左腕的暗面，趁湿，用普鲁士蓝画暗部最深区域。干后，再拿小号勾线笔分别蘸柠檬黄、深黄色、橘色，用湿画叠色法画出左腕的正面。

4-2

拿小号狼毫笔分别蘸深黄色、橘色、朱红色三色，继续用湿画叠色法画出中间腕的亮面。

4-3

拿小号狼毫笔在黄色中调入一点天蓝色，用湿画单色法画出右腕，趁湿，在暗部点上少量橘色。注意画右腕的时候，保持水分，画出虚化效果，与前腕形成空间感。然后拿小号狼毫笔蘸普鲁士蓝，用湿画单色法加深胴部颜色。

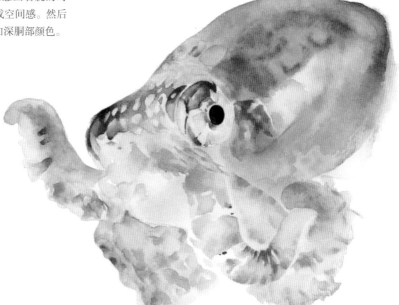

步骤4
足部底色

步骤 5
胴部细节

5-1
在柠檬黄中调入一点白色，竖直拿
小号勾线笔，利用笔尖将胴部色素
点斑边缘画齐整。

5-2
胴部体表有一些很亮的细小光点。用小号勾线
笔在白色中调入一点天蓝色，由虚到实，先点
出细小光点的底层，再在上面点上白色。然后
蘸高光液点出眼睛周围最亮的细小光点。

5-3
拿小号勾线笔调和白色颜料和水，修正卵圆
形内脏结构的边缘线，线未干时再在线上点
上淡橘色环境色。

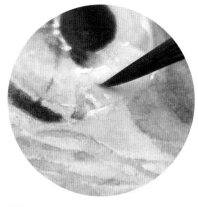

6-1

拿小号勾线笔调和大红色与紫色，加深眼睛暗部。再蘸白色颜料提出眼部高光。

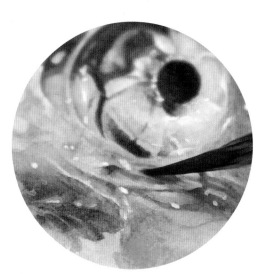

6-2

用6-1的紫红色深入细化头与足的连接处。用干画晕染法加深腕之间的褶皱，每一个褶皱都有一个很小的反光，可以用白色调入少量柠檬黄，用小号勾线笔笔尖挑出。再次拿小号勾线笔蘸白色颜料挑出高光。

6-3

调和柠檬黄与淡橘色，竖直拿小号勾线笔用笔尖将头部点斑边缘画齐整。

7-1

先拿小号狼毫笔分别蘸紫色、普鲁士蓝，用湿画单色法加深中间腕的暗部。再分别用柠檬黄、橘色叠加中间腕的固有色。然后用小号勾线笔蘸白色颜料挑出中间腕的高光。

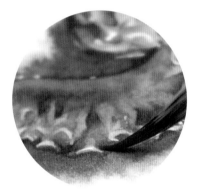

7-2

用很深的蓝紫色衬托出腕的透明感。先拿小号狼毫笔调和大红与普鲁士蓝，用干画晕染法加深左腕的暗面。再蘸天蓝色，用干画晕染法画出吸盘的环境色。然后拿小号狼毫笔蘸清水大面积打湿这个腕的周围，趁湿，用刚调好的蓝紫色画出腕的背景。最后拿小号勾线笔蘸白色颜料画出这个腕上吸盘的底层高光，再蘸浓浓的白色颜料画出上层高光。

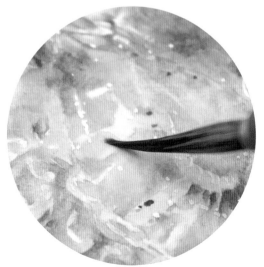

7-3

拿小号狼毫笔分别蘸天蓝色、紫色，加深右腕的暗面。再蘸柠檬黄、橘色、朱红色、紫色，用湿画叠色法加深腕的固有色。调和天蓝色与绿色，画出反光。最后拿小号勾线笔蘸白色颜料挑出高光。

章鱼
Octopus

分类：软体动物门头足纲八腕目蛸科
分布：世界各海域
食物：龙虾、虾蛄、蟹类、贝类和底栖鱼类等

俗称八蛸。头部两侧的眼径较小，头前和口周围有腕 4 对，长度相近或不等。腕上大多具两行吸盘，有的种类只具单行吸盘。右侧或左侧第 3 腕茎化。腕的顶端变形，无触腕。胴部卵圆形，甚小，不具肉鳍。内壳退化，仅在背部两侧残留两个小壳针。不具发光器。主要营底栖生活，在海底爬行或在底层滑行，也能凭借漏斗喷水的反作用短暂游行于水层中。

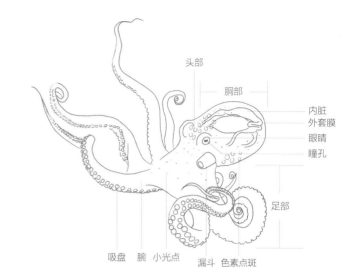

头部
胴部
内脏
外套膜
眼睛
瞳孔
足部
吸盘 腕 小光点 漏斗 色素点斑

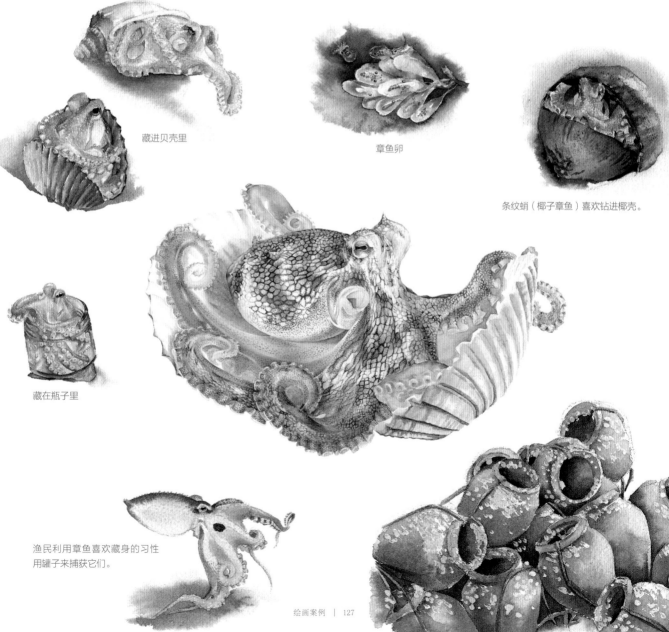

藏进贝壳里

章鱼卵

条纹蛸（椰子章鱼）喜欢钻进椰壳。

藏在瓶子里

渔民利用章鱼喜欢藏身的习性用罐子来捕获它们。

草鞋蠣小者如掌有長及一尺二三尺者海人用
代靰饗沿鈀海鄉之民飲食器其莫非海物如蠔
背代杓觴眷任舂海鏡為窗螺殼作盆而蠣房燒
灰所用為最廣其餘朝飧夕饗魚蝦螺蠟諸物滿
席皆是北人覆其地觸目稱怪如入鮑魚之肆

牡蠣贊
蠣之大者其名為牡
左顧為雄未知是否

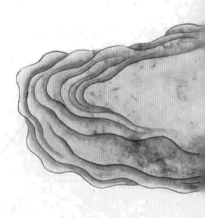

異魚圖云海馬收之暴乾以雌雄為對主難產及血氣
圖經云生南海頭如馬形蝦類也婦人難產帶之或燒
末米飲眼手持亦可異志云生西海如守宮形亦云主
婦人難產愚按三說異志所云如守宮大誤閩廣海濱
水石多產此物小者雜魚蝦往往生得之畜於水中辮
有划水又翅而善躍非蝦非魚蓋海虫而以馬名者或
謂馬之為物必有鬣有之今此虫鳥得稱馬予曰以馬
喻馬之非馬喻馬之非馬也

藥物海馬贊
四海一水萬物一馬
因物立名何真何假

海马

海馬〔アイバ〕 水馬

リウグウノコマ
タツノオトシゴ

雄

海馬ハ海中ノ小魚ノ身ニ交ヘテ
市ニ賣ルナリ乾ノ貯ヘテ
諸人ノ産スル時呈ヲ千妻ニ
把ハ子ヲ産ヤスシ本草ニ奥
墩ノ類也トス亦有雌雄

乙未八月廿九日
真寫

臺灣府志曰海龍澎湖澳冬日
雙躍海灘漁人獲之郵為珍物
首尾似龍魚牙爪長弟往尺以
之入茉卯倍海馬孫元衛有詩
云澎島澳々我歌海龍雙躍
出鹽渦爪牙未其空鱗鬣直
似拈魚泣過河

イタラ貝
アキタガイ　板屋貝　杓子貝

薩品ノ海多生ス諸州又リ
其肉桂味目养其殼ニ尾ハ

漢買華談
半遮蛸

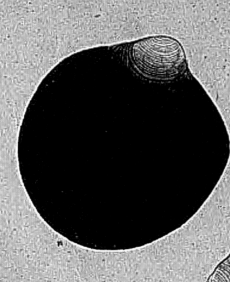

海蜆 ウミシメ

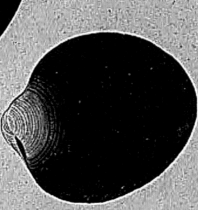

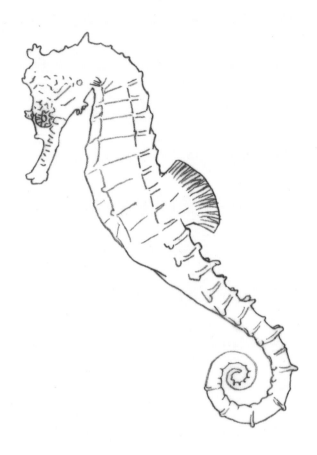

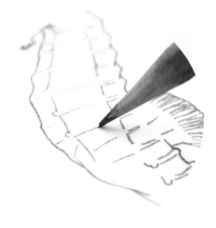

1-1

在拷贝纸上用铅笔起稿。因为海马身体像个圆柱形，画骨骼线的时候注意面与面之间的转折关系。

1-2

海马的肚子稍稍隆起，其纹理也随之发生改变。

1-3

参考宝贝步骤1-3的拓印方法，将海马的线稿拓到水彩纸上。

2-1

拿小号勾线笔分别蘸淡淡的柠檬黄、天蓝色、大红色、紫色，用勾线法勾出海马的轮廓线。

2-2

拿小号勾线笔分别蘸柠檬黄、天蓝色，用湿画叠色法画出海马底色。因为海马不是完全透明，画底色的时候要在颜料中多调入一些水。

2-3

拿小号勾线笔，分别蘸大红色和紫色继续画底色。

3-1

拿小号勾线笔蘸蓝色、紫色，根据上面来光用干画晕染法画出海马腹部暗面。上颜色的时候要考虑到结构变化，调整颜色的深浅。

3-2

拿小号勾线笔分别蘸黄色、橘色、大红色，画出海马头部和尾部的暗面。

3-3

拿小号勾线笔分别蘸黄色、橘色、大红色，由浅到深，点出小斑点。斑点要与海马皮肤贴合，所以颜料要适当水润一些。

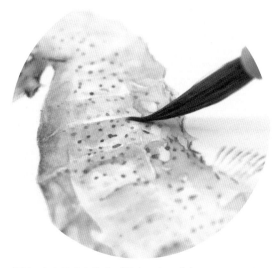

4-1 拿小号狼毫笔分别蘸大红色、紫色，用湿画叠色
法画出固有色。

4-2
拿小号狼毫笔分别蘸黄绿色、
天蓝色，加深暗面颜色。

步骤 4
立体感

4-3
拿小号狼毫笔在大红色中调入少量蓝色
颜料，用干画晕染法将暗部明暗交界线
区域的颜色加深。

5-1　拿小号勾线笔蘸略稠的白色颜料，用笔尖挑出
　　　所有高光。

5-2　拿小号勾线笔在大红色中调入少量深褐色，
　　　加深腹部和头部暗面。再拿小号勾线笔分别
　　　蘸大红色、紫色，用湿画叠色法再次加深固
　　　有色。

5-3

拿小号勾线笔分别蘸中绿色、蓝色，用干
画接色法加深背鳍固有色，留出白色鳍
棘。注意海马皮肤表面是湿润的，所以上
色的时候颜料始终要保持一定的水分。

海马
Sea horse

分类：脊索动物门硬骨鱼纲刺鱼目海龙科海马属
分布：热带、亚热带及温带近、内海水域，中国沿海均产
食物：幼海马摄食桡足类的无节幼体，成体摄食虾类及其幼体

因头部如马头得名。体长5—30厘米，体侧扁，较高，腹部凸出；躯干部横断面七棱形，由10—12节体环组成，尾部四棱形，尾端渐细，常卷曲。头与躯干部成直角，顶部具凸出头冠、冠顶有数个小棘。每节体环也具凸起或小棘。吻细长，管状。口小、前位，无牙。鳃孔小，体无鳞，由骨质体环所包。无侧线。背鳍位于躯干及尾部之间的背方，臀鳍短小、胸鳍扇形，无腹鳍及尾鳍。性成熟雄鱼在肛门后面有一个育儿囊，繁殖时，雌、雄鱼体紧靠，腹部相对，此时雌鱼将卵产于雄鱼育儿囊中，并受精。常栖息于风浪平静、水质澄清、藻类繁茂的暖温性沿海内湾低潮区，有时以尾部缠绕在漂浮的海藻上，随波逐流。

头部 · 鳃孔
长管状的吻
体环
腹部
臀鳍
胸鳍
斑点
腹节
背鳍
鳍棘
尾部

叶海龙

海龙科，叶海龙属鱼类。体长约30厘米。它善于依靠附肢拟态进行伪装。

育儿袋

雄海马　　　雌海马

海马干

草海龙

海龙科，叶海马鱼属鱼类。体长约45厘米。其身体上的海藻状附肢使其看起来就像海藻一样。

豆丁海马的隐身术

瑇瑁
タイマイ

玳瑁

此者未ダ親見セズ只奇品ニシテ難
得故或人ノ藏畫ニ乞求龜類ノ
條ニ載ス

天保七丙申孟春
五日寫

朱鼈 セニカメ 二種

浮遊之圖

壬辰八月廿八日
捕之真写

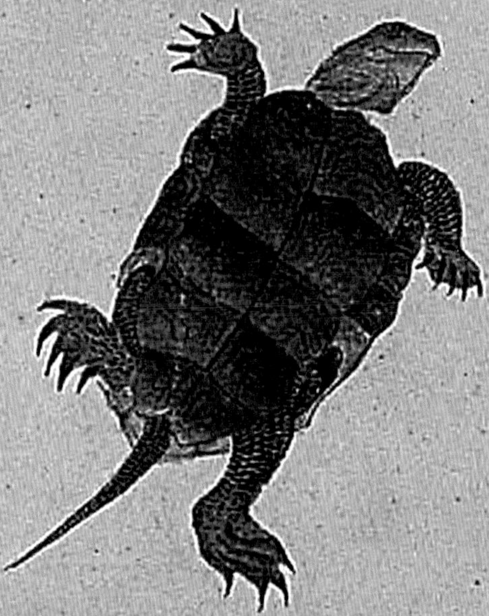

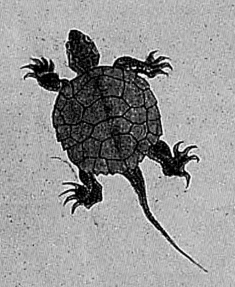

甲午八月九日捕之真写

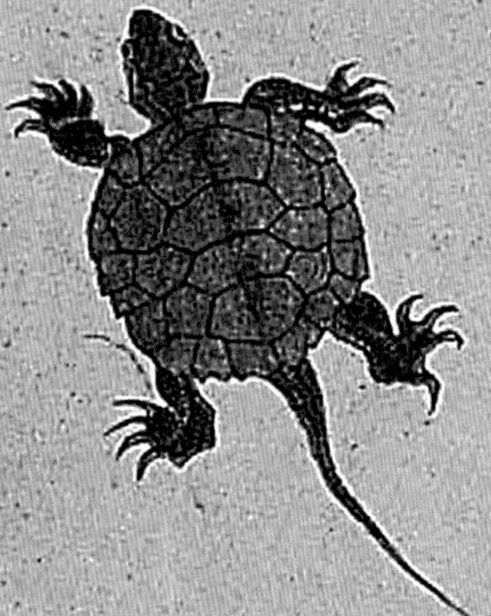

瑇瑁

華夷鳥獸考ニ曰瑇瑁龜ノ類也出ハ廣南ニ身ハ似龜首觜如ニ
鸚鵡ノ腹脊甲皆有紅点斑文大ナル者如盤ニ
應劭曰雄ヲ曰瑇瑁雌ヲ曰眥蟖ト

右ニ圖スル瑇瑁ハ越後ニテトレシ者ナリトテ或人
ヨリ求ヲ或人ヲ永ニシテ程ナク有月癇ニテ席上ニ置ハ
ノ木ニカケヲキシカ雨ナシニアイテイヨ〱ダ〱トリヲ子ノ圖ノ家ニ行シガ
シク〱ノ事ヲ誇リ此龜ヲ見セラル此コソ瑇瑁ナルベシト願ヘ
ハク〱タマ〱ニテ寫シ圖セシモノ也其大サ圖ノ如ニ所ミ〱メウカ貝ニツケリ
又ル儒生ノ國九十九里ニ遊ヒテ大龜ノ綱ニカレルヲ見テ其形ラハナ
セシニ圖セシ瑇瑁ナシカト考ヲ書ヲ添テ其大サ九尺ヲ余アリト殘ミ
引上トカ水ヲ放シテ歩行ヲトアタハツト漢父ハ龜ヲ獵スルヲ好サル達ニ波
ウチ除ニ引行ニカ半身水ニ入ト〱ツ疾コト烏ノ如ク波カヲタテハイツクトモナ
ノウセクリト詐リキ

予考ニ此瑇瑁ノ圖ヨリフルハ此謡ミノ龜ナラシ手

瑇瑁ハ唐ヨリ来ル本邦ニ無シ長門ニ蓑龜一名烏龜
ト呼者アリ形龜ニ似テ首鴿ノ如ク觜モ鳥ニ似リ甲重疊
〆其ノ如ニ色黄ニメ斑文アリ亦珄瑇瑁ノ顏セシク
圖ヨリフルハ此謡ミノ龜ナラシ手 怡顔齊外品出

屋代画帖出

知名抄ニ曰瑇瑁ハ如龜出ニ大海ニ大ナル者如ニ篷鑫簾ニ
背上ニ有ニ鱗〱大ニ者如扇ニ有二文章ニ
辨作昌則者炎其鱗ニ如菜皮ニ性意ニ用シミ

绘画步骤
PAINTING STEPS

步骤 1
起稿

`1-1`

在拷贝纸上用铅笔起稿，起稿的时候画出玳瑁盾片上的放射状花纹。

`1-2`

注意玳瑁的壳是有弧度的，其盾片的形状和花纹也会产生透视变化。

`1-3`

参考宝贝步骤1-3的拓印方法，将玳瑁的线稿拓到水彩纸上。

2-1

根据右前方的光源位置来给玳瑁铺底色。拿
小号狼毫笔蘸土黄色颜料，用干画晕染法画
出眼睛及眼周鳞片底色。

2-2

拿小号狼毫笔继续蘸土黄色颜料，用湿画单
色法画出玳瑁颈部和鳍状肢的底色。

2-3　同样的方法，画出背甲盾片底色，趁湿，
在缘盾底色未干时叠加少量橘色颜料，让
其自然扩散。

3-1　换小号勾线笔蘸深褐色颜料，用干画晕染法画出眼周和鳍状肢的深色鳞片。因为是右前方来光，玳瑁头部上方处在暗面，此处鳞片颜色需要加重，可叠加少量黑色。

3-2　拿小号狼毫笔蘸略浓的深褐色、黑色，用干画晕染法画出所有放射状花纹。

3-3　拿小号勾线笔蘸土黄色、深褐色颜料，用勾线法按照从右往左、由浅到深的顺序勾出颈部褶皱。

4-1 增添环境色，让玳瑁看起来更自然真
实。先拿小号狼毫笔蘸浅浅的中绿色，
用湿画渲染法给所有暗面边缘上色。

4-2
拿小号狼毫笔蘸黄色颜料，继续给盾片
边缘上色。

4-3
趁黄色环境色颜色未干时，再次拿小号狼
毫笔蘸淡淡的朱红色颜料叠加上色。

步骤 4
环境色

5-1　拿小号狼毫笔在深褐色中调入少量黑色，用干画
　　　晕染法加深所有鳞片以及花纹暗部的颜色。

5-2

拿小号狼毫笔蘸 4-1 的颜色，用湿画
单色法将所有背光面的颜色加深。

5-3　颜色完全干后，拿小号勾线笔蘸
　　　稍浓的白色颜料干挑出颈部、鳍
　　　状肢和缘盾的高光。

玳瑁
Hawksbill turtle

分类：脊索动物门爬行纲龟鳖目海龟科玳瑁属
分布：大西洋、太平洋和印度洋
食物：海绵、海葵、水母和海藻等

又称十三鳞。头部有前额鳞 2 对，吻侧扁，上颚钩曲如鹰嘴。背甲呈心形，盾片如覆瓦状排列，老年个体趋于镶嵌排列。中央盾 5 片；侧盾每侧 4 片；缘盾每侧 11 片，在体后部呈锯齿状；臀盾 2 片，中间有 1 缝隙，不相切。四肢桨状，前肢较长大，各具 2 爪；后肢较短小，各具 1 爪。尾短小，通常不露出甲外。背甲红棕色，有淡黄色云状斑，具光泽；腹甲黄色。每年 7—9 月在热带、亚热带海域的沙滩上掘坑产卵，卵白色，圆形，革质软壳，孵化期约 3 个月。

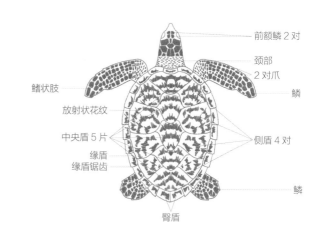

前额鳞 2 对
颈部
2 对爪
鳞
鳍状肢
放射状花纹
侧盾 4 对
中央盾 5 片
缘盾
缘盾锯齿
鳞
臀盾

前额鳞 2 对
嘴鹰钩状
上颚
头部

龟藤壶

塑料垃圾袋

水母

海龟作为慢动作海洋生物，常被藤壶寄生，随着藤壶生长，深入且遍布龟身，造成原本厚重的龟壳更加拖慢行动。如果仅被少量藤壶寄生的话，不会对海龟产生太大影响。

海龟喜食水母，但海洋污染越来越严重，更多的塑料垃圾袋流入大海，导致海龟经常误食，严重危害其生命。

后记

　　当放下笔，将大海里的精灵画完的时候，我回想起一些有趣的经历。在绘制的过程中，我参考了一些古籍，如《海错图》《梅园介谱》等，受到了一些启发，让我多了古今对话的体验。当年这样的绘本，只有皇帝才能看到。如今，希望这本书能遇见更多热爱生活的人。

　　回顾创作过程，在此期间我不仅得到了绘画技法上的提升，还学到了很多海洋知识。同时，有幸结识了来自厦门的海洋生物学博士曾千慧，她总是很耐心地给我讲解海洋知识，还会用图文的方式详细地为我举例说明，真的很感激她。也非常感谢我的编辑张岩，在我焦虑低迷时，她总是不厌其烦地鼓励我，我的内心总认为她是为我插上翅膀的人，带我进入图书世界，带我认识有才华的作者朋友，让我对绘画创作充满希望。

　　曾经那些独自度过的深夜、一次次修改与调整、持续的否定与肯定、伴随着窗外月光吃过的外卖，统统在完稿瞬间依次回放，化为收获、成就，让我沉浸在巨大的幸福感中。

　　我想，无论是埋头工作奋斗的人，还是喜欢尝试的孩子，都可以随时拿起画笔，描绘世界，也描绘出自己的心灵。

　　愿本书能对这种自发的热爱有点滴帮助。

李李

2023 年 1 月 16 日